OUR SOLAR SYSTEM

SUN　　世图汇 编著　曲大铭 审

太阳

这里是太阳系

电子工业出版社
Publishing House of Electronics Industry
北京·BEIJING

目录

- 4 我们的宇宙邻居
- 6 太阳是恒星
- 8 太阳崇拜
- 10 时钟和日历
- 13 太阳的位置
- 14 太阳的大小
- 16 太阳的温度
- 18 太阳是由什么构成的
- 20 太阳的能量
- 22 太阳的大气层
- 24 太阳的磁场
- 26 日冕
- 28 太阳黑子
- 30 太阳耀斑和日冕物质抛射
- 32 太阳风
- 35 日球层

36	日食	58	太阳能
38	太阳是如何形成的	60	词汇表
40	建造行星	62	趣味问答
42	太阳是什么类型的恒星		
44	太阳与其他恒星的对比		
46	太阳的寿命		
49	科学家如何研究太阳		
50	在地球上研究太阳		
52	在太空里研究太阳		
54	探测太阳		
56	"触摸"太阳		

※天文学家利用多种类型的照片来探究行星等宇宙天体。其中许多照片展现了这些天体的自然色彩,而有些则通过添加假色或展示人眼不可见的光谱来呈现,此外,人们还会根据已有的知识,借助想象力对这些天体进行艺术描绘。

我们的宇宙邻居

太阳是我们所在的银河系里数千亿颗恒星中的一颗。太阳系以太阳为中心，包括地球和其他围绕太阳运行的行星，也包括较小的天体，如矮行星、小行星和彗星等。大家可以把太阳系的成员想象成我们在太空中的邻居。

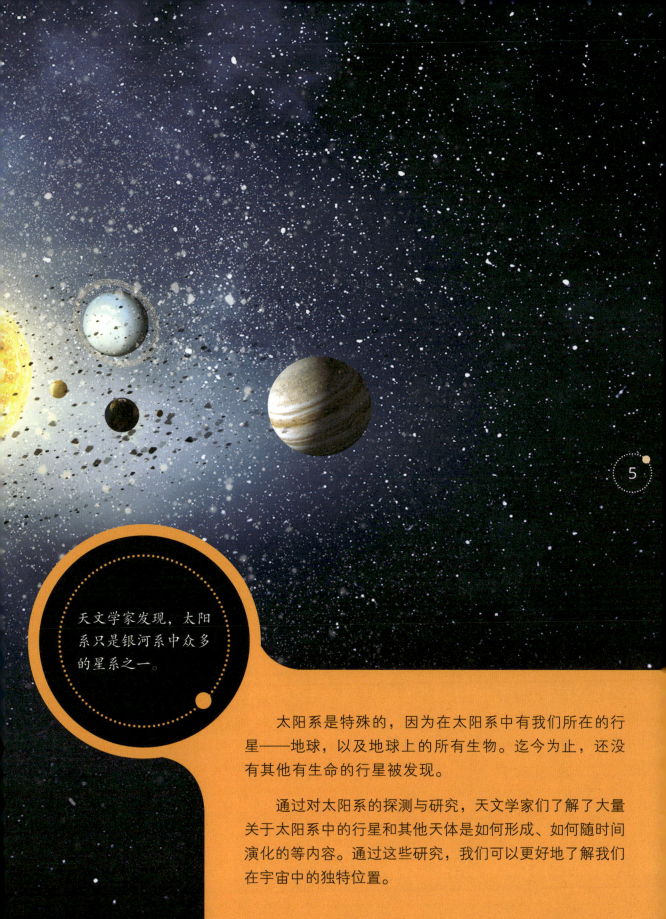

> 天文学家发现，太阳系只是银河系中众多的星系之一。

太阳系是特殊的，因为在太阳系中有我们所在的行星——地球，以及地球上的所有生物。迄今为止，还没有其他有生命的行星被发现。

通过对太阳系的探测与研究，天文学家们了解了大量关于太阳系中的行星和其他天体是如何形成、如何随时间演化的等内容。通过这些研究，我们可以更好地了解我们在宇宙中的独特位置。

太阳是我们的恒星

恒星是太空中巨大的、闪闪发光的球状物体，它会发出大量的光能和热能。太阳就是一颗恒星，它为地球提供光能和热能，地球上几乎所有的生物都需要依靠太阳的能量生存，其中，植物利用太阳光来合成自身所需要的养料。

恒星有多种大小和类型，大多数恒星是由气体和一种被称为等离子体的带电类气体物质组成的。大多数恒星都会产生大量的能量，主要以光和热的形式存在，在夜空中，银河系的许多恒星看起来像是闪烁的光点。从地球上看太阳，太阳看起来像一个巨大的光球。

太阳是太阳系中心的恒星。太阳个头很大，质量也很大，太阳系里的所有行星和其他天体都受到其引力的束缚，围绕着它公转。

太阳探出地球的地平线。它看起来像一个巨大的光球,因为它离地球相对较近。

太阳崇拜

古时候,人类就知道需要依靠太阳生存,但他们还不知道太阳是什么。因为太阳在日常生活中独特的重要性,一些人开始把太阳当作神来崇拜。

随着人们将太阳与生长、季节和温暖联系起来,一些地区发展出了太阳崇拜的文化,尤其是在以种植为主的地区发展较快,因为农作物的生长需要阳光。太阳崇拜在古埃及、古巴比伦、波斯和印度北部的文化中占据极其重要的地位。

在古日耳曼语中,星期日被称为"Sunnon",意为"太阳日",星期日(Sunday)被看作是一周的第一天。

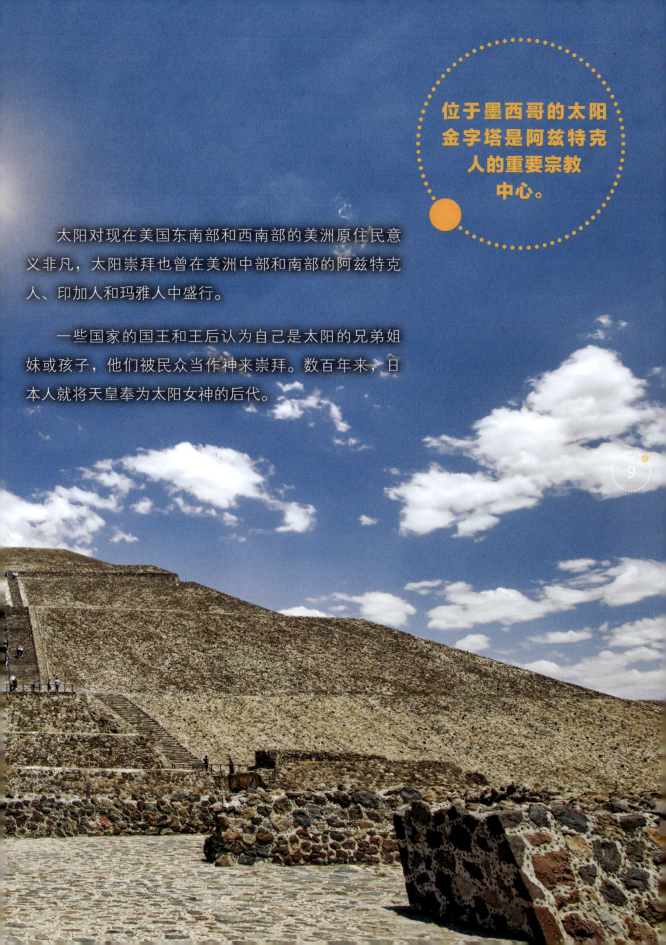

位于墨西哥的太阳金字塔是阿兹特克人的重要宗教中心。

太阳对现在美国东南部和西南部的美洲原住民意义非凡,太阳崇拜也曾在美洲中部和南部的阿兹特克人、印加人和玛雅人中盛行。

一些国家的国王和王后认为自己是太阳的兄弟姐妹或孩子,他们被民众当作神来崇拜。数百年来,日本人就将天皇奉为太阳女神的后代。

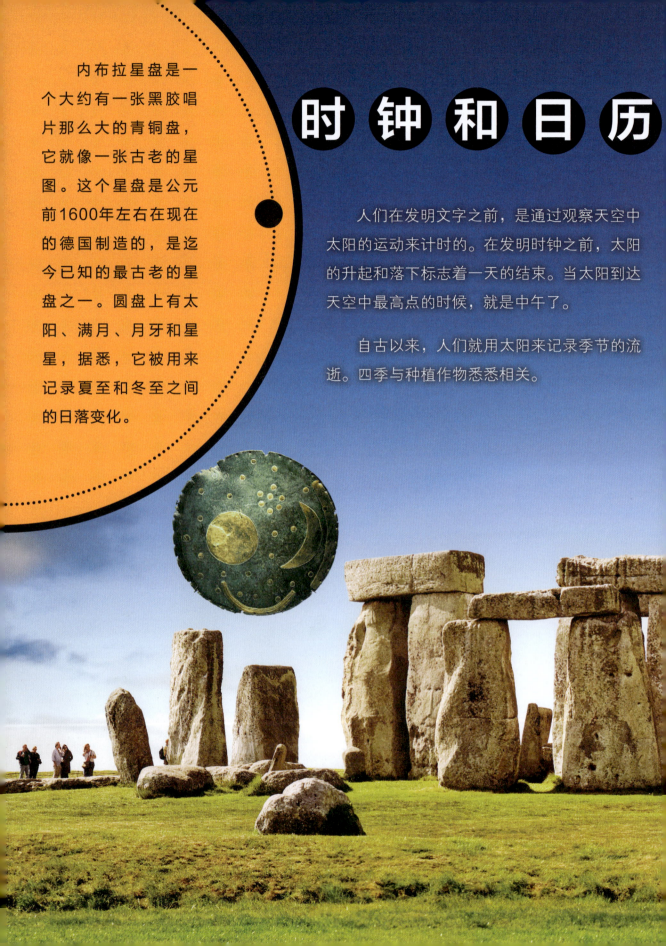

时钟和日历

内布拉星盘是一个大约有一张黑胶唱片那么大的青铜盘，它就像一张古老的星图。这个星盘是公元前1600年左右在现在的德国制造的，是迄今已知的最古老的星盘之一。圆盘上有太阳、满月、月牙和星星，据悉，它被用来记录夏至和冬至之间的日落变化。

人们在发明文字之前，是通过观察天空中太阳的运动来计时的。在发明时钟之前，太阳的升起和落下标志着一天的结束。当太阳到达天空中最高点的时候，就是中午了。

自古以来，人们就用太阳来记录季节的流逝。四季与种植作物悉悉相关。

纳布塔普拉雅是非洲一个古老的遗址，以一圈被用来标记太阳位置的石阵而闻名。

在古代，人们研究如何记录季节和时间。今天留存下来的许多古迹，在当时不仅是重要的仪式中心，还具有太阳历的作用。

在世界各地的古代遗址中，包括非洲的纳布塔普拉雅石阵、欧洲的巨石阵和北美的卡霍基亚土丘，都用木头或石头建造了巨大的圆形纪念碑，以纪念太阳在每年不同季节的位置。

我们在这里

天王星　土星

太阳

木星

海王星

※ 此图仅作简单的位置示意。

太阳的位置

太阳是离地球最近的恒星,但它依旧离地球很远,太阳距地球的平均距离约1.5亿千米。阳光到达地球只需8分钟,这是因为光以每秒299 792千米的速度在传播。

太阳距离银河系中心约25 000光年。一光年是光在一年中传播的距离,大约等于9.46万亿千米。

与巨大的银河系相比,太阳只是一个微小的点。太阳大约需要2.5亿年才能绕银河系中心公转一圈。

这幅图从银河系的边缘(左侧上方的图)显示出我们的太阳和太阳系的位置(左侧底部的图)。

半人马座比邻星是距离太阳系最近的恒星,它距离太阳大约4.2光年。

太阳的大小

太阳是一个几乎**完美**的球体，赤道半径比两极半径仅长约10千米。

太阳的直径约为140万千米，大约是**地球直径的109倍**。

由于太阳不是由固体物质构成的，所以太阳的不同部分以不同的速度

旋转

在赤道附近，太阳大约每25个地球日自转一次。在两极附近，太阳约每36个地球日绕其自转轴自转一次。

太阳的体积大约是地球体积的**130万倍**。

太阳是太阳系中最大的天体，约占太阳系**总质量**的99.8%。

太阳的质量比太阳系中所有行星、卫星、小行星和其他天体的质量**加起来**还要大。太阳的质量大约是地球的333 000倍。

如果说太阳有60层摩天大楼那么高，那么地球就像一个**成年人**那么高。

月亮的高度相当于站在成年人旁边的一只**中等大小的狗**。木星是太阳系中最大的行星，高度相当于**一座小楼**。

太阳的温度

太阳太热了！我们可以看到的表面温度约为5 500℃，这大约是水的沸点的55倍。

天文学家用另一种方式表示太阳的温度，他们使用公制单位开尔文（K）来表示太阳和其他恒星的极高温度。开尔文标度从绝对零度开始，这是可能存在的最低温度。绝对零度0K等于−273.15℃。而开氏温度的1度等于摄氏温度的1度，因此273.15 K等于0℃。

太阳表面的温度约为5 800K，而太阳核心的温度超过1 500万K。

我们所看到的恒星的颜色取决于它的表面温度，太阳看起来是黄色的，较冷的恒星看起来是偏红的，较热的恒星看起来是偏蓝的。

正是太阳表面的温度，
让太阳看起来是
黄色的。

太阳是由什么构成的

太阳由多种元素构成，其中氢约占太阳质量的71%，氦约占太阳质量的27%，其他元素还包括氧、碳、氖、氮、铁和硅等。

太阳的温度太高，以至于构成它的物质不能以固态或液态的形式存在。太阳没有固体表面，构成太阳的所有物质都以气体或类气体的等离子体形式存在。当气体被加热到很高的温度时，组成气体的原子就会分离，留下等离子体。等离子体由离子（带电荷的原子）和电子（带电荷的粒子）组成，而太阳内部和大部分太阳大气是由等离子体组成的。

太阳由中心向外有几个部分组成。太阳中心是核反应区，能量从核反应区经过辐射区向外流动。对流区由剧烈流动的气体组成，这些气体会延伸到太阳表面。太阳的大气层开始于对流区上方。

太阳和太阳大气由不同部分组成。

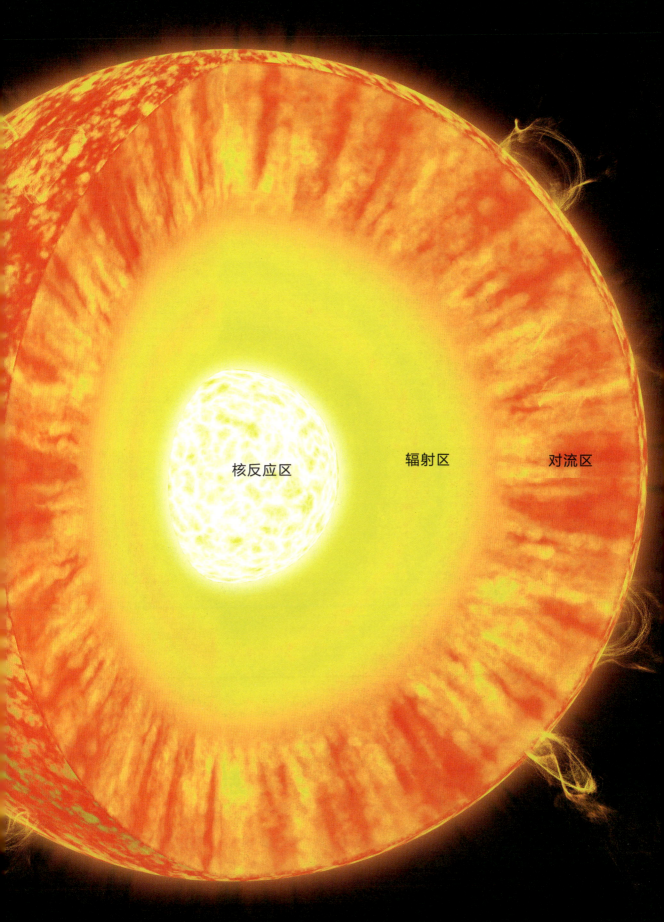

太阳的能量

与大多数恒星一样，太阳主要由氢原子构成，氢是宇宙中含量最丰富的元素，它属于最简单的元素，位于元素周期表的首位。和其他恒星一样，太阳通过核聚变过程产生能量。在核聚变过程中，较轻的原子核融合形成较重的原子核。太阳中几乎所有的核聚变都发生在核反应区。

原子核带正电，所以它们往往相互排斥。但太阳的核反应区，温度很高，密度很大，在这里，氢原子核融合形成氦原子核。

当原子核融合时，它们的一部分质量会转化为能量。大部分能量以可见光和红外线的形式释放出来，可见光是我们能看到的光，红外线是太阳对地球的热辐射。在太阳和大多数恒星内部，核聚变一直在不断发生。因此，恒星能稳定地产生光能和热能。

太阳释放出巨大的能量，这些能量到达太阳表面后，通过磁场延伸到太空中，形成气体环和气体流。

太阳的大气层

太阳的大气层分为3层，分别是光球层、色球层和日冕层。光球层是大气层的最内层，这层炽热、浓密的气体发出强烈的光，也就是我们在地球上看到的阳光。天文学家经常把这一层称为太阳表面。

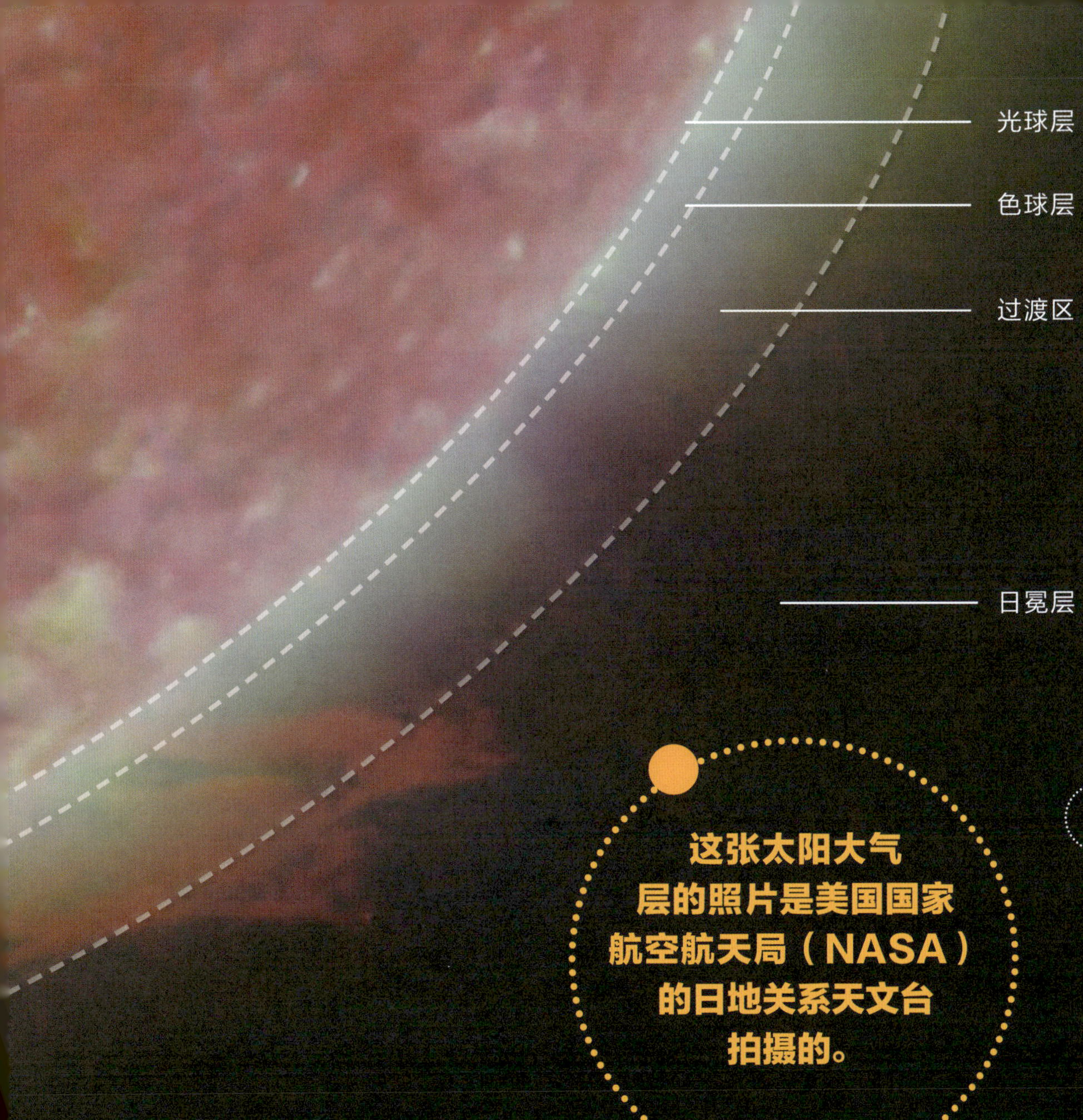

光球层

色球层

过渡区

日冕层

这张太阳大气层的照片是美国国家航空航天局（NASA）的日地关系天文台拍摄的。

光球层外侧是色球层，在这里，温度急剧上升。

色球层和日冕层之间的区域被称为过渡区，这个区域温度差异很大。过渡层内侧从色球层吸收能量，过渡层外侧从日冕层吸收能量，内侧比外侧冷。

太阳的磁场

太阳像是一块巨大的磁铁——巨大且旋转的带电粒子团使得太阳产生了巨大的磁场。太阳周围有磁性的区域是它的磁场，而太阳表面的小部分区域和大气层中，磁性特别强。

有时，太阳磁场整体比较简单。其他时候，太阳磁场则非常复杂。成簇的磁场线则可能穿透太阳表面，在太阳大气中产生热等离子体光环。

太阳的磁极约每11年就会改变一次位置。当这种情况发生时，太阳的光球层、色球层和日冕层不再平静，而是有着剧烈活动。

2018年，美国国家航空航天局（NASA）的太阳动力学天文台的科学家利用计算机模型生成了这张太阳磁场图。

日冕

日冕层是太阳大气层的最外层，也是最热的，它的温度可以达到500万开！日冕层非常热，以至于这里的气体原子失去电子，变成带电粒子。这些粒子随着太阳风不断流向太空，太阳风能延伸到地球轨道甚至更远的地方。

在日全食期间，日冕看起来像是一圈从月球四周发出的光。

只有在日全食时才能从地球上看到日冕。

当月球运行到太阳和地球中间,就会产生日食现象,而日冕看起来像是一圈从月球四周发出的光。

日冕的形状与太阳活动周期有关,有11年的变化周期。在相对黑子数极大时,日冕近于圆形,而在黑子数极小时则较扁,赤道延伸较远,两极延伸较近,且有羽状物。

太阳黑子

太阳黑子是太阳光球层上出现的较暗区域，太阳黑子看起来很黑，因为它比人类能看到的太阳的其他部分更冷。太阳黑子的温度可能只有约4 000℃，而其周围环境的温度约为6 000℃。

一个大型太阳黑子可能宽约32 000千米，能持续数月。在如此大的斑点中有一个被人们称为"本影"的黑暗中心区域，本影周围不太黑的区域被人们称为"半影"。直径不大的太阳黑子，被称为微黑子，没有半影。微黑子可能有几百千米宽，而且可能只持续几个小时。

在持续约11年的周期内，太阳黑子的数量和太阳黑子出现的区域有所不同，这个周期被称为太阳黑子周期。

科学家们并不完全了解太阳黑子是如何形成的，他们怀疑太阳黑子与太阳磁场扭曲有关。太阳黑子的磁场强度约是太阳平均磁场强度的3 000倍。

在这张太阳的图像中，可以看到大块的太阳黑子。

太阳耀斑和日冕物质抛射

太阳耀斑是太阳活动的一种表现，是太阳表面局部区域突然和大规模的能量释放过程，是由太阳磁场的快速变化引起的。太阳耀斑会导致日冕温度急剧上升，可达到1 000万开左右，甚至更高。太阳耀斑会释放出巨大的高能电磁辐射，大约8分钟后到达地球，释放的高能带电粒子可能需要数小时或数天才能到达地球。

强大的太阳耀斑会干扰或损坏围绕地球运行的卫星上的电子设备。然而，太阳耀斑产生的电磁辐射和带电粒子通常只有一小部分能到达地球，不足以影响人类健康。

日冕物质抛射是指从日冕层到太空的物质大爆发。当一部分磁场突然从太阳内部出现时，就会发生物质大爆发。这些爆发会将大量的日冕层物质抛向太空，形成一团远离太阳的泡沫状气体。

严重影响地球的日冕物质抛射具有破坏电力系统的能力，小到最小的电子设备，大到整个电网。它可以使全球定位系统（GPS）失灵，损坏昂贵的通信卫星。它对任何一个在地球轨道航天器上的航天员来说，都是一个危险要素。为此，科学家们正在努力预测日冕物质抛射和太阳耀斑的出现。

一个巨大的日珥从太阳表面向外延伸。日珥通常与太阳耀斑和日冕物质抛射有关。

太阳风

太阳风是来自太阳带电粒子的持续流动，这些粒子主要来自日冕层。

日冕中的高温会加热气体，而热量会使气体膨胀，导致许多气体原子发生碰撞。电子和离子（主要是氢离子）加速远离太阳，就形成了太阳风。

太阳风的带电粒子速度很快，风速为每秒250至1 000千米。地球磁场可以阻止太阳风的带电粒子撞击地球。

这幅图展示了太阳风影响下的地球磁层（蓝色）。

※ 比例仅作参考

日球层是一个巨大的、泪滴状的区域。太阳和日球层正在穿过星际空间。

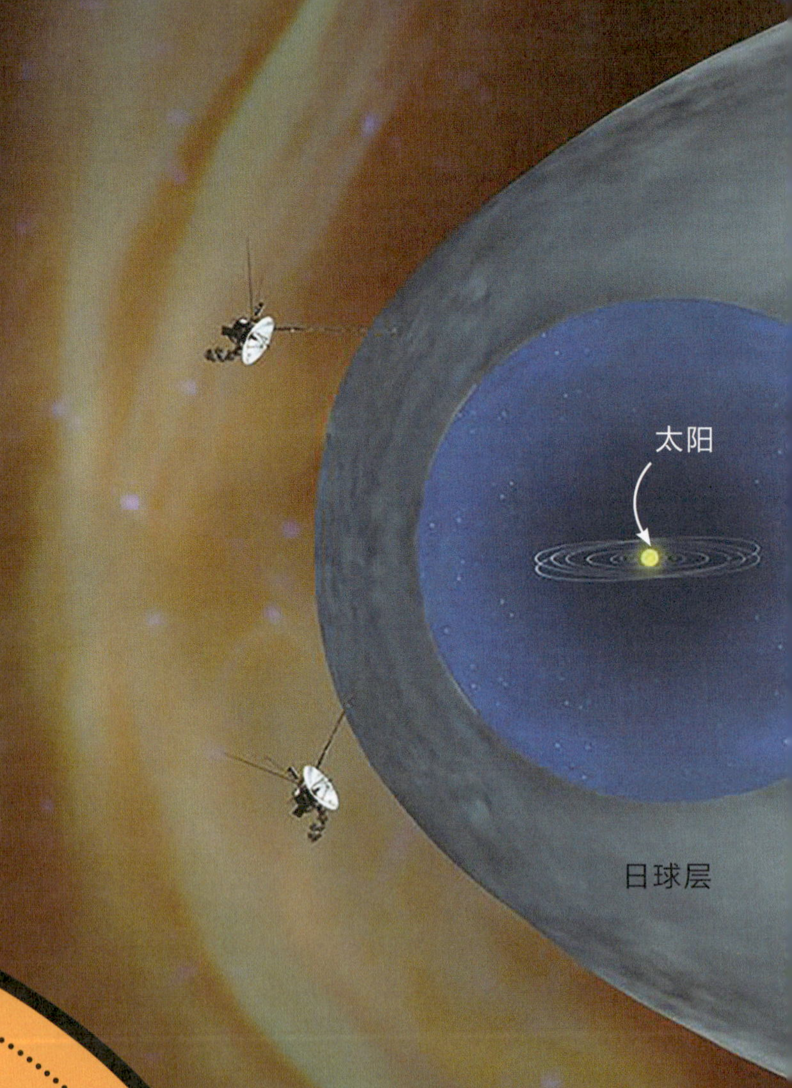

星际空间

太阳

日球层

星际介质非常薄，大约每立方厘米中只有一个氢原子。尽管它确实含有物质，但星际介质的密度比我们在地球上呼吸的空气密度低很多很多。

日 球 层

太阳风遭遇星际空间的星际介质后会形成一个巨大的、泪滴状的空间区域,称为日球层。日球层含有太阳释放的带电粒子,太阳和太阳系的所有行星都在日球层内。

据科学家估计,日球层的顶端距离太阳大约150亿至240亿千米。这个距离是太阳到冥王星最大距离的2~3倍。太阳一直是运动的,日球层的尾部在太阳另一侧更远的地方逐渐消失。

太阳和日球层的顶端正在穿过星际空间,这个星际空间包括氢和氦等原子和分子,以及少量的尘埃。这种稀薄的物质被称为星际介质,日球层以每秒约25千米的速度穿过星际介质。

德国物理学家阿尔伯特·爱因斯坦在1915年的广义相对论中声称，离太阳较远的恒星发出的光在经过太阳时会在直线路径上发生轻微弯曲，这一现象可以在日全食期间观察到。1919年，英国天文学家阿瑟·爱丁顿在一次日食期间观测到了光线弯曲效应，这一观测结果与爱因斯坦的理论预测相符，证实了光线确实在太阳引力场的影响下发生了弯曲。

这幅图展示了一次日全食，看起来月球完全遮住了太阳的表面。

太阳是如何形成的

太阳大约有46亿岁,这也是太阳系的大致年龄。科学家们认为,最初一团巨大的旋转的尘埃和气体云中的一部分变得比其周围的区域更密集时,太阳就开始形成了。

这个密集区域的引力导致气体云旋转和坍缩。随着这个巨大的、旋转的气体云坍缩,它旋转得越来越快,并变成盘状,即太阳星云。接着内部的气体被挤压成一个球,使得气体变得更热。一段时间后,球体的中心变得足够热且致密,可以开始通过核聚变的形式产生能量。原始的太阳就形成了。

当一团巨大的缓慢旋转的尘埃气体云变得比周围的云更稠密时,太阳就形成了。

建造行星

太阳星云大部分物质向中心聚集并且形成了太阳。盘状的太阳星云围绕中心旋转时,中间的粒子碰撞并黏在一起,最终形成小行星大小的物体,被称为星子。有的星子会结合形成行星,其他星子形成卫星、小行星和彗星等。

行星和小行星都以相同的方向在相似的平面围绕太阳公转,因为它们最初都是在这个盘状星云中形成的。

核聚变孕育了太阳,也造就了太阳风。在太阳系内部,太阳风的强度足以将大部分较轻的元素(氢和氦)吹走。然而,在太阳系的外部区域,太阳风则较弱,结果更多的氢和氦留在外行星上。

这一过程解释了为什么太阳系的内行星小巧且多岩石,而外行星大多包含氢气和氦气。

盘状太阳星云围绕中心旋转时,中间的粒子碰撞并黏在一起,最终形成小行星大小的物体,被称为星子。

太阳是什么类型的恒星

天文学家将太阳归类为中等质量的恒星。中等质量恒星的范围是从大约1/2个太阳质量到8个太阳质量。

太阳现在大约46亿岁，正处于主序阶段。在这个阶段，恒星仍然从位于核心区域的氢核聚变反应中获得能量。太阳将在这个阶段再停留大约50亿年，然后它会膨胀成一颗红巨星。

> 这幅图展示了一颗恒星在星球地平线落下的景象。

红巨星是一颗中等质量的大恒星,它有明亮的、微红色的辉光。红巨星阶段是恒星生命结束的标志,这个阶段可能持续数亿到数十亿年。当太阳耗尽燃料后,其外层会脱离,留下一个发光的核心,称为白矮星。当这颗白矮星冷却时,就会变暗,成为一个不活跃的、温度低的天体,称为黑矮星。白矮星和黑矮星代表了太阳这类中等恒星生命周期的最后两个阶段。

太阳与其他恒星的对比

更大的恒星被称为**超巨星**,其半径可达10亿千米或更大,这大约是太阳半径的1 500倍,超巨星心宿二的半径大约是太阳半径的700倍。

半人马座比邻星

是离太阳系最近的恒星,半径只有太阳半径的14%。

天文学家将太阳归类为**矮星**。矮星并非都很小,但称它们为"矮星",是因为其他类型的恒星要大得多。太阳和半人马座比邻星都是矮星。

哈勃太空望远镜拍摄了这张"星云育儿所"的照片,许多恒星在这里诞生。

看起来偏蓝的恒星 其实温度很高,看起来偏红的恒星则温度相对偏低。那些看起来呈黄色的恒星,则温度介于两者之间,比如太阳。

红色恒星 的表面温度有2 227℃~3 227℃。太阳和其他黄色恒星的表面温度约为5 227℃。蓝色恒星表面温度的范围为9 727℃~49 727℃。

最古老的恒星 被认为年龄约为120亿至130亿岁。新的恒星每时每刻都在诞生。

太阳的寿命

总有一天，太阳会变成一个发光的核，被称为白矮星。这张图描绘了围绕在白矮星周围的残骸。

太阳的核心有足够的氢，约可以继续辐射能量50亿年。

太阳处于恒星生命的黄矮星阶段。当将氢耗尽后，太阳会在一段时间内变得更大、更亮，变成一颗红巨星，太阳的外层将飘向太空。当发生这种情况时，水星、金星甚至地球都有可能在太阳的膨胀中蒸发。

剩下的核——白矮星，会慢慢变暗，变成一颗冷的黑矮星。

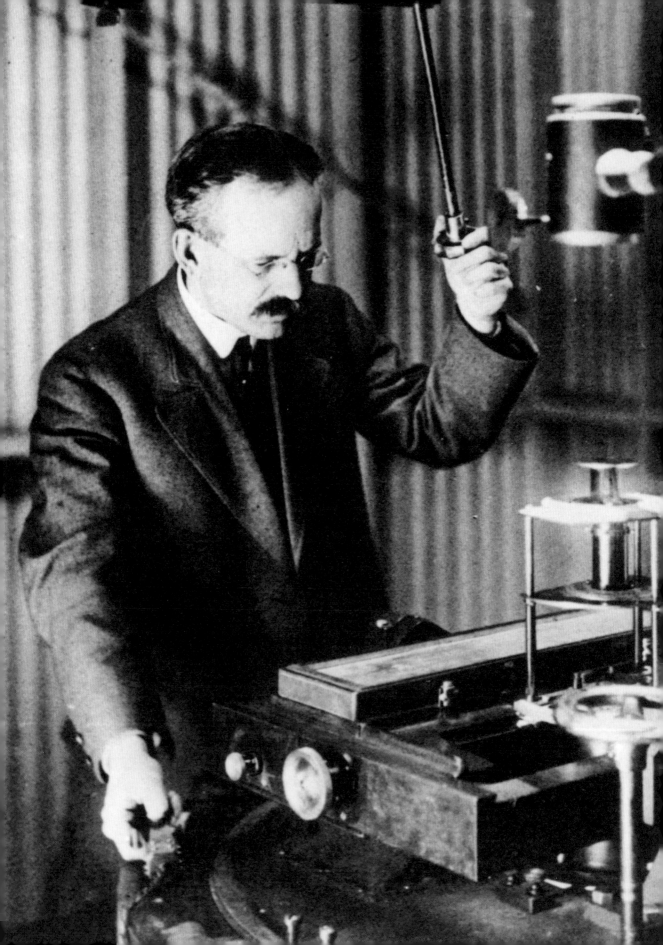

科学家如何研究太阳

数百年来，科学家们使用各种工具和方法来研究太阳。最早的工具是望远镜，第一批望远镜是在17世纪初制造的。意大利天文学家伽利略等科学家，就是利用望远镜研究太阳和太阳系内行星的。

随着技术的进步，望远镜变得更大、更精密。为了防止天文学家在观测太阳时损伤眼睛，人们还开发了特殊的设备，包括望远镜的滤光片和观测者眼睛防护设备等。

1858年，太阳观测者们开始拍摄太阳的照片。19世纪末，天文学家开始使用一种被称为太阳单色光照相仪的仪器来拍摄不同波段的太阳。光谱是根据波长排列的可见光和其他波段辐射的谱带（彩虹就是一种光谱）。这些照片揭示了太阳内部的大气是分层的。

20世纪60年代，科学家们发现太阳的振动就像一个不断敲响的钟，这一发现使得科学家们能够利用这些振动来研究太阳内部。

美国天文学家乔治·埃勒里·黑尔（左）发明了太阳单色光照相仪，这是一种用不同光谱颜色拍摄太阳的仪器。

在地球上研究太阳

1962年，位于亚利桑那州基特峰上的麦克梅斯-皮尔斯望远镜设施投入运行，它是当时世界上最大的太阳望远镜。望远镜的主镜安装在一座30米高的塔架上，地下实验室的设备，有分析太阳光谱的，有拍摄太阳的，有把75厘米的太阳图像投影到屏幕上以便科学家直接观看的。

全球太阳振荡监测网（GONG）是一个研究太阳的组织，它利用分布在全球的6台特殊望远镜组成的网络来研究太阳，这样的网络布置使望远镜能够连续收集数据，这些望远镜于1995年开始收集数据。

丹尼尔·K·井上太阳望远镜前身为先进技术太阳望远镜，于2019年底开始用于观测，位于美国夏威夷毛伊岛的休眠火山哈莱阿卡拉的顶部，是地球上最大、最有影响力的太阳望远镜之一。

丹尼尔·K·井上太阳望远镜，如图所示，利用先进的设备观测太阳，以提供太阳的高清图像和太阳磁场的观测结果。

在太空里研究太阳

从20世纪40年代末开始，研究人员把火箭发射到地球大气层上空，测量太阳发出的X射线和紫外线。自20世纪60年代以来，科学家们利用卫星和宇宙飞船来研究太阳。从1965年开始，美国将先驱者号系列探测器发射到绕太阳运行的轨道上，以研究太阳辐射，其中一些探测器在发射20多年后仍然在运行。

1973年，美国国家航空航天局（NASA）发射了天空实验室空间站，该空间站搭载了一套太阳望远镜。依靠太阳望远镜人们得到了太阳的紫外线图像、X射线图像和光谱。1974年和1976年，美国发射了两枚由德国制造的太阳神号探测器，这些探测器进入水星轨道内后，开始测量太阳辐射。

1980年，美国国家航空航天局（NASA）发射了太阳极大期任务卫星。这颗卫星对太阳耀斑进行了非常详细的研究，并携带了一台仪器持续绘制日冕图像。1991年，日本阳光号卫星开始拍摄太阳的X射线图像。1990年，美国国家航空航天局（NASA）和欧洲空间局（ESA）发射了尤利西斯号探测器，以获取太阳不同纬度的图像。NASA和ESA还合作研制太阳和日球层观测台探测器（SOHO），自1994年以来，这架在轨望远镜可以每10~15分钟拍摄一次太阳图像。NASA的"起源号"探测器于2004年携带太阳风样本返回地球。2020年，NASA和ESA发射了环日轨道器——第一个飞越太阳两极以获取详细图像的探测器。

2022年中国成功发射了综合性太阳探测卫星"夸父一号"，标志着中国正式步入"探日"时代。"夸父一号"搭载了全日面矢量磁像仪、莱曼阿尔法太阳望远镜和太阳硬X射线成像仪三台有效载荷，旨在实现太阳磁场以及太阳耀斑和日冕物质抛射的同时观测，以研究它们的形成、演化、相互作用及彼此关联，并为空间天气预报提供支持。

在这张由美国国家航空航天局（NASA）的太阳动力学天文台航天器拍摄的照片中，X射线从太阳抛射出。

探测太阳

21世纪，美国国家航空航天局（NASA）规化了日地探测计划，这是一系列研究太阳及其对地球和太阳系其他天体影响的任务。2001年，该机构启动了热层、电离层、中间层能量学和动力学任务，旨在研究太阳对地球大气层的影响。

2006年，美国国家航空航天局（NASA）发射了日地关系观测台，该观测台使用两个探测器研究日冕物质抛射，且该探测器与地球围绕太阳的轨道一致。

日本航天局于2006年发射了日出号太阳观测卫星，该卫星由日本、美国和英国联合开发，为研究太阳磁场，以及磁场与太阳大气和太阳耀斑的相互作用。日出号发现的证据表明，太阳磁场的快速变化可以加热日冕，并将太阳风向外推。

美国的太阳动力学天文台于2010年启动，比以往更详细地记录了太阳磁场的变化。

55

美国日地关系
观测台航天器

"触摸"太阳

2018年，美国国家航空航天局（NASA）发射了帕克太阳探测器。探测器将围绕太阳运行24圈，每一圈都会小心地与太阳贴得更近。

最新一次，帕克太阳探测器将飞到距离太阳620万千米以内的区域。从地球发射的探测器中，还没有一个飞得离太阳这么近。2021年，帕克太阳探测器第一次穿过了日冕——它"接触"到了太阳！

该探测器有4个用来研究太阳风的仪器，探测器还会研究日冕如何达到如此高的温度，这将有助于科学家了解太阳风是如何产生的。

科学家用先进的材料制成的隔热板建造了帕克太阳探测器，以便在它顺利进入太阳大气层内部时能承受难以想象的高温，探测器将面临的是高达到1 371°C的高温。

帕克太阳探测器在研究太阳的任务中，运行速度可以达到每小时692 000千米——约每秒200千米。这个速度足以在一分钟内从美国华盛顿特区到达日本东京！

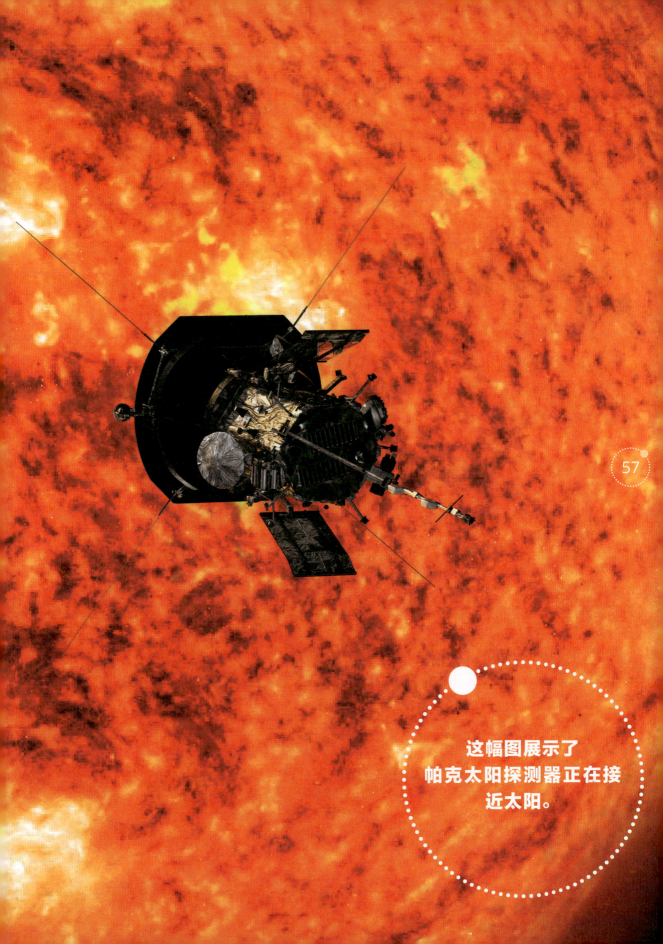

这幅图展示了帕克太阳探测器正在接近太阳。

太阳能

太阳能是来自太阳光的能量。我们使用的几乎所有能源都和太阳能有关,阳光可以用于加热和发电,地球从太阳获得了大量能量,但这种能量分布在很广的区域。太阳能装置可以收集太阳的能量——将太阳的能量转化为电能,再将太阳的能量集中起来产生热量。

太阳能是**免费且清洁的**,而且对我们来说是充足的。

太阳能是**可再生的**。太阳将在很长一段时间内持续产生能量。

数百万年前,太阳能储存在生物体内,之后转化成了**化石燃料**,如煤炭、石油和天然气。

人们已经使用了太阳能2 700多年。公元前700年,人们用**玻璃透镜**增强太阳光,进而用来生火。

古希腊人和古罗马人很早就使用太阳能进行建筑设计，窗户朝南的建筑使得阳光可以**加热**和**照亮**室内空间。

正是有了太阳才有下雨、刮风的天气现象，而我们也可以用**水坝和风力涡轮机**来捕获这些能量。

太阳**在一小时内**照射到地球的能量比全球全年使用的能量还要多。

印度拉贾斯坦邦焦特布尔区的巴德拉太阳能公园是世界上**最大的太阳能发电场**。该工厂于2020年完工，占地近56.7平方千米，为印度数百万人提供电力。

美国于1958年发射的先锋1号是第一颗由**太阳能电池供电**的人造地球卫星。这是目前仍在轨道上运行的最古老的人造卫星。

词汇表

矮行星 在太空中围绕恒星运行的形状接近球形的天体，没有足够的引力将其他天体从其轨道上清除。

赤道 围绕在行星中间的假想圆。

磁场 磁铁或磁化物体周围的空间，在这个空间里可以与其他磁性物质产生相互作用。

大气 行星或其他天体周围的大量气体。

等离子体 一种类似于气体的物质，由带正电的离子和带负电的电子组成。

电子 构成原子的带负电的粒子。

辐射 以波或物质微粒的形式向外释放能量。

光年 光在一年内走的距离，约等于9.46万亿千米。

光谱 按波长顺序排列的可见光、其他波段的辐射（波长是连续波峰或波峰之间的距离）。彩虹是光谱，它的波段范围从红色到紫色，红色包含能量最少的光子，紫色包含能量最高的粒子。

轨道 较小的天体在引力作用下围绕较大的天体运行的路径。例如，行星绕太阳运行的路径。

核 行星、卫星或恒星内部的中心区域。

核聚变 两个原子核的结合产生更大质量的核的过程。

恒星 宇宙中一种常见的天体，主要由氢、氦等元素构成，并通过核聚变反应在其核心释放出巨大的能量。

彗星 围绕太阳运行的由尘埃和冰组成的小天体。

极点 通常指南北极点，即南北纬度分别为90度的两点。

开尔文 用于测量温度的公制单位。开尔文标度从科学家认为的原子能量最低的绝对零度开始。

离子 一个或一组带电荷的原子。

密度 物质的一种基本属性，描述了物质单位体积内的质量。

日冕物质抛射 大量物质从太阳的日冕层喷发到太空。

日食 月球运行到太阳和地球中间，如果三者正好处在一条直线上，月球就会挡住太阳射向地球的光，月球身后的黑影正好落到地球上，即发生日食。

太阳系 以太阳为中心并受其引力影响使周边天体维持一定的规律运行形成的天体系统。

太阳耀斑 太阳大气的一部分突然变亮，同时释放出大量能量。

探测器 用于探索太空的无人驾驶设备，大多数探测器会将数据信息从太空传回地球。

天文学家 研究太空中恒星、行星和其他天体或空间力学的科学家。

望远镜 一种使远处的物体看起来更近、更大的仪器。简单的望远镜通常由一组透镜组成，但有时镜筒中有一个或多个反射镜。

卫星 太空中围绕另一天体（如行星）运行的人造或自然天体。人类发射人造卫星用于通信或研究地球和太空中的其他天体。

小行星 小行星是太阳系内围绕太阳运行的一类由岩石、金属或其他物质构成的小天体。

星系 由恒星、气体、尘埃和其他物质在引力作用下聚集在一起的巨大系统。

行星 围绕恒星（在太阳系内是太阳）运行的天体，它们具有足够大的质量以通过自身引力达到近似球体的形状，并且在围绕恒星运行的过程中能够清除其轨道附近区域的其他物体。

引力 由具有质量的物体之间的相互吸引作用产生的力。

原子 物质的基本单位之一。

质量 物体所具有的物质的量。

自转轴 地球或其他天体围绕其自转的中心轴线。

主序阶段 恒星生命周期中的一个阶段，恒星的全部能量都来自其核心区域氢的核聚变反应。

趣味问答

1. 我们的太阳系属于_____星系。

2. 大多数恒星是由气体和一种被称为_____的带电类气体物质构成的。

3. 距离我们太阳系最近的恒星是?

4. 光在一年里走过的距离被称为?

5. 天文学家用一种叫作_____的公制单位来测量太阳和其他恒星的高温。

6. 大约94%的太阳质量是由什么化学元素的原子组成的?

7. 和其他恒星一样,太阳也通过_____过程产生能量。

8. 使地球变暖的热射线是?

9. _____是太阳大气层的最内层,天文学家通常将其称为太阳表面。

10. 太阳大气层的最外层被称为?

11. 太阳和我们太阳系的所有行星都在一个巨大的泪滴状空间区域内，这区域被称为?

12. 太阳处于恒星生命的_____矮星阶段。

答案：
1. 银河系 2. 等离子体 3. 比邻星 4. 光年 5. 开尔文 6. 氦 7. 核聚变 8. 红外线 9. 光球层 10. 日冕层 11. 日球层 12. 黄

未经许可，不得以任何方式复制或抄袭本书之部分或全部内容。
版权所有，侵权必究。

 感谢World Book对本书的图文支持。

图书在版编目（CIP）数据

这里是太阳系. 太阳 / 世图汇编著. -- 北京：电子工业出版社, 2024. 8. -- ISBN 978-7-121-48532-9

Ⅰ. P18-49

中国国家版本馆CIP数据核字第20249SY317号

责任编辑：董子晔
印　　刷：天津裕同印刷有限公司
装　　订：天津裕同印刷有限公司
出版发行：电子工业出版社
　　　　　北京市海淀区万寿路173信箱　邮编：100036
开　　本：889×1194　1/16　　印张：40　　字数：665千字
版　　次：2024年8月第1版
印　　次：2024年8月第1次印刷
定　　价：200.00元（全10册）

凡所购买电子工业出版社图书有缺损问题，请向购买书店调换。若书店售缺，请与本社发行部联系，联系及邮购电话：（010）88254888，88258888。
质量投诉请发邮件至zlts@phei.com.cn，盗版侵权举报请发邮件至dbqq@phei.com.cn。
本书咨询联系方式：（010）88254161转1865，dongzy@phei.com.cn。

OUR SOLAR SYSTEM

EARTH 世图汇 编著 张磊 审

地球

这里是太阳系

我们的家园

电子工业出版社
Publishing House of Electronics Industry
北京·BEIJING

目录

- 4 再没有其他像家一样的地方
- 6 太阳系的第三颗行星
- 8 太空中的蓝色大弹珠
- 10 地球如何运动
- 12 季节
- 14 地球和月球
- 16 地球的结构
- 18 地球的圈层
- 20 巨大的磁铁
- 22 极光
- 25 地球的大气层
- 26 保护臭氧层
- 28 地球的天气
- 30 一个水的世界
- 32 陆地
- 34 地球岩石
- 36 板块构造理论
- 38 火山带

地球

40 生机勃勃的世界	58 人类世
42 生物群落	60 词汇表
44 深时	62 趣味问答
46 生命的开始	
48 大灭绝	
50 雪球地球	
52 撞击地球	
54 冰河时期	
56 研究地球	

※天文学家利用多种类型的照片来探究行星等宇宙天体，其中许多照片展现了这些天体的自然色彩，而有些则通过添加假色或展示人眼不可见的光谱来呈现，此外，人们还会根据已有的知识，借助想象力对这些天体进行艺术描绘

再没有其他像家一样的地方

地球是我们的家园，它是人类过去和现在唯一居住过的地方。

地球是一颗行星，行星是轨道围绕着恒星的大型球状天体。地球只是宇宙中无数行星中的一颗，但它是已知的唯一能支持生命生存的行星。

研究地球的学科通常被叫作地质学，研究地球的科学家通常被叫作地质学家。

地球就在我们的脚下。

"地球"这个名字来自一个古老的日耳曼词，意思是地面。太阳系中所有其他的行星都是以古希腊和古罗马神话中神的名字命名的。

这张照片是从第一个送航天员绕月飞行的宇宙飞船上拍摄的,它展示了从月球表面向外看到的地球。

从太空中看,地球就像一颗闪闪发光的宝石,有飘动的白云、深蓝色的海洋和五彩缤纷的风景。

地球也是我们太阳系的一部分——太阳系是由太阳及所有围绕着它运行的行星和较小天体组成的天体群。我们的太阳系只是一个比它更大的银河系星系的一小部分,而银河系只是宇宙的一小部分。

太阳系的第三颗行星

我们在这里
水星　金星　地球　火星
木星

在太阳系中,地球是离太阳第三近的行星。地球是被天文学家称为内行星的4颗行星之一,因为它们是离太阳最近的行星。其他内行星是水星、金星和火星。

内行星也被称为类地行星,因为它们的组成与地球比较相似。

所有的类地行星主要由铁和岩石物质组成,但据我们所知,只有地球上有生命。

与外太阳系的巨大气体行星相比，地球和太阳系内的其他内行星都是小而多岩石的世界。这里展示的是太阳和行星的大小比例。

土星

天王星

海王星

地球的绕日运行轨道在金星和火星的绕日运行轨道之间。地球与金星之间的距离比其他任何行星之间的距离都要近。地球只比金星略大，但比火星和水星要大得多。

※此图仅作简单的位置示意

太空中的蓝色大弹珠

在太阳系的行星中,**地球是第五大**的行星。木星是最大的行星,其次是土星、天王星和海王星。地球比太阳要小得多。

太阳的体积大约是地球体积的130万倍,地球比它的卫星——月球要大得多。

如果月球只有一个网球这么大,那么地球就有一个篮球这么大。

地球的直径在赤道处约为12 756千米，从北极到南极的直径略小——大约是12 700千米。**地球在赤道处略微隆起**，这就是为什么它的直径在赤道处比两极之间略大。

地球沿赤道的周长约为40 075千米。

地球的表面积大约是 **5.1亿** 平方千米。

地球如何运动

地球像陀螺一样在围绕着自转轴旋转。地球自转一周约需要**24小时**，这样绕轴一周的时间称为一天。

因为地球绕太阳公转一周需要365.25天，所以我们不得不每4年增加一天——2月29日，这就是为什么我们有"闰年"。

在赤道处，地球约以每小时**1 670千米**的速度旋转。

像太阳系所有的其他行星一样，地球绕太阳运行。**地球的运行轨道是椭圆形的。**

地球与太阳的距离在一年中不断变化， 因为地球绕太阳运行的轨道是椭圆形的。平均而言，地球距离太阳约1.5亿千米。

地球绕太阳一周需要365天6小时9分钟9.54秒，这是**地球的一年。**

太阳发出的光到达地球大约需要**8分钟。**

每一年，地球绕太阳公转的距离大约是9.4亿千米。地球沿轨道运行时，速度约为**每小时10.7万千米，** 即每秒30千米。

季 节

地球上每年不同时期的天气各不相同,称为季节。季节的出现是因为地球绕太阳公转,并且沿一个倾斜的轴自转,地球的自转轴相对于地球绕太阳公转的轨道平面倾斜23.4℃。当地球在其轨道上运行时,地球的其中一半向太阳倾斜,地球向太阳倾斜的这一部分会得到更多的阳光,太阳以更高、更垂直的角度照在其表面。

气温上升标志着地球向太阳倾斜的部分进入了夏天。与此同时,远离太阳的那一半地球得到的太阳光较少,阳光以较低的角度照射到其表面,这一部分进入冬天。

气候带

地球上的气候因地而异。赤道附近的热带地区总是很炎热,因为那里全年都能接受太阳垂直角度的照射。极地地区(两极及其周围地区)总是很寒冷,因为那里阳光很少。介于两者之间的地区气候温和,不太冷也不太热。

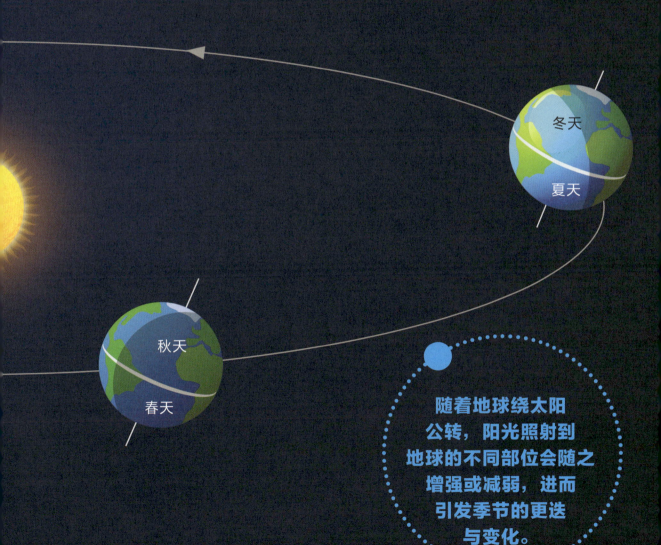

随着地球绕太阳公转,阳光照射到地球的不同部位会随之增强或减弱,进而引发季节的更迭与变化。

地球和月球

月球是地球唯一的天然卫星，距离地球约为38.5万千米。月球的直径约为3 474千米，约为地球直径的1/4。

太阳的引力同时作用于地球和月球，就好像地球和月球是一个天体，但中心点在地球表面以下约1 600千米处。这个点叫作质心，质心是较重的地球和较轻的月球之间的平衡点。质心绕太阳运行的轨迹是一条平滑的曲线。地球和月球绕着质心运行，因此，它们两个在围绕太阳运行的过程中会出现"摇摆"。

月球的引力也是地球海水涨落——潮汐的主要原因。

月球正在以大约每年3.8厘米的速度远离地球！

地球的结构

地球的大部分是由坚硬的岩石构成的,地球有三层:地壳、地幔和地核。

地壳是地球又薄又冷的外层。大陆下面的地壳大部分是坚硬的岩石,如花岗岩和类似的岩石。大洋下面的地壳要薄得多,主要成分是致密的深色火山岩。氧是地壳中最常见的化学元素。

地壳下面是地幔,一层厚而热、流动缓慢的地层。地壳漂浮在地幔上,就像一块木板浮在水面上。大部分地幔是由一种叫作硅酸盐的矿物质组成的,包括硅、氧和多种金属元素。

地核位于地球的中心,主要由金属铁和镍构成。地核本身的大小和火星差不多!地核分为外核和内核,科学家们认为,外核是液态的,而内核是固态的。

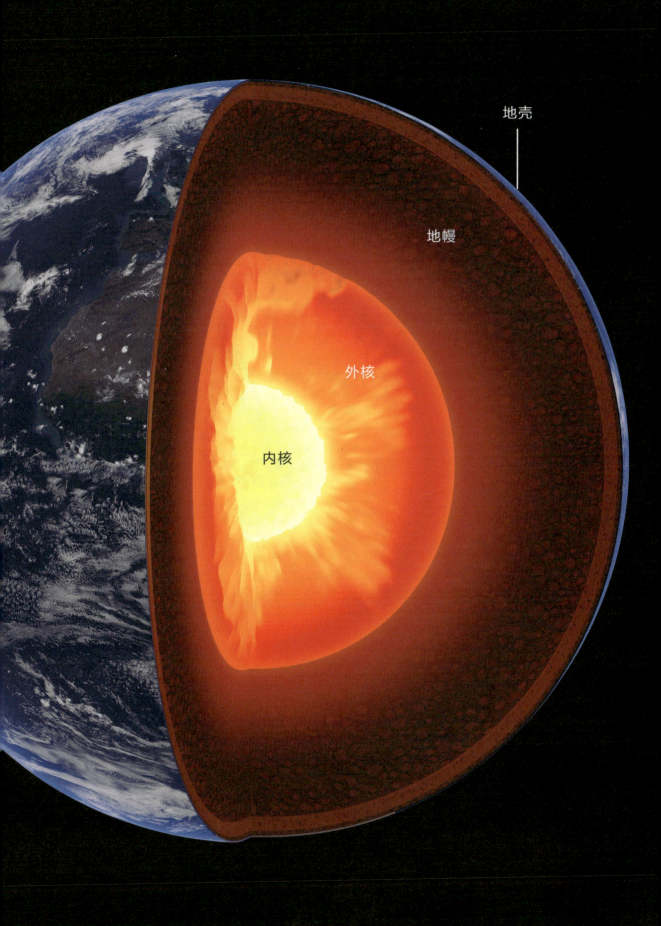

地球的圈层

地球是由复杂的、相互作用的系统组成的，这些系统创造了我们这个不断变化的世界。地质学家通过研究地球不同的物理特征，来了解这些系统是如何形成的，以及它们是如何随时间变化的。地质学家把地球分成几个相互连接的球状系统，称为圈层。

地壳和上地幔顶部由坚硬的岩石组成，称为岩石圈。环绕在地球周围的混合气体组成了大气圈，它是生命的保护圈。海洋、湖泊、河流和冰川则属于水圈。水圈、大气圈和岩石圈中的一切生物构成了生物圈。

岩石圈

巨大的磁铁

地球是一块巨大的磁体，拥有两个磁极，分别被命名为北磁极和南磁极。磁极是磁力线看似发源和汇聚的地点，这两个磁极与地理上的北极和南极位置相近，但并非完全重合。

地球磁场指地球周边受磁力作用的区域，它源于行星外核液态金属流动，且持续变化。该磁场延伸至大气层外，形成所谓磁层。太阳风中的带电粒子与磁层交互作用，从而产生绚丽的极光。

太阳风

地球磁场是导致指南针一端一直指向北的原因，科学家们知道地球磁场在地球的演化历史中翻转了很多次。如果你生活在大约80万年前，面对我们所说的北方，手里拿着指南针，指针就会指向南极！

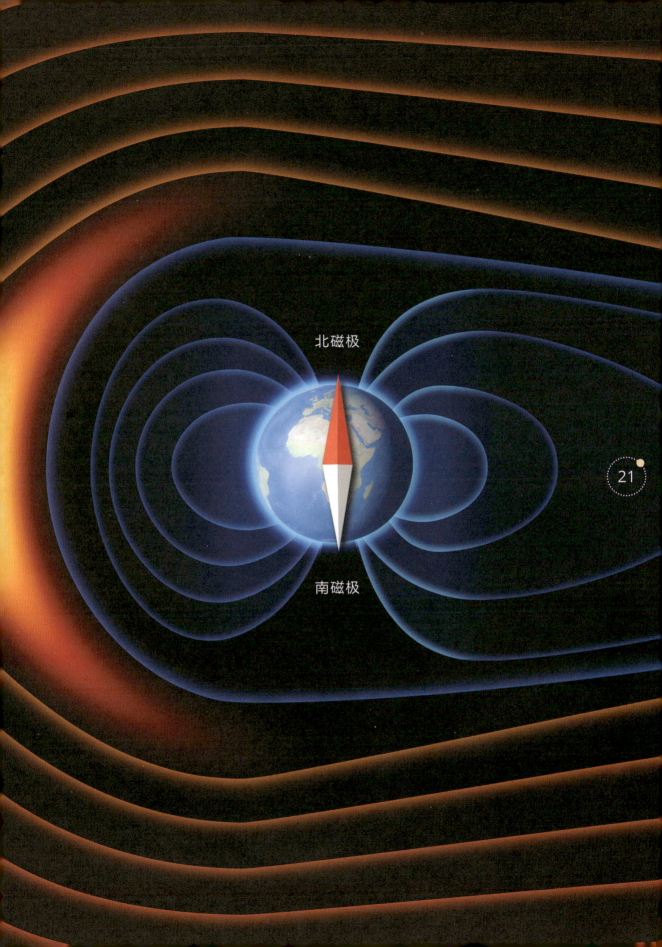

极光

耀眼的极光照亮了地球极地附近的天空。极光是横跨天空的移动光带,出现在北半球的极光称为北极光,出现在南半球的极光称为南极光。

大多数极光出现在地球上空100千米到400千米的地方。极光最常见的颜色是绿色,但出现在高空的极光可能是红色或紫色的。

地球磁场是导致极光现象的部分原因。太阳风持续地冲击着地球的磁场,这种冲击使得带电粒子沿着磁场线向地球的两极区域移动。当这些高能粒子与大气中的粒子相互作用时,它们以光的形式释放能量,从而产生了壮丽的极光。

在挪威地区看到的北极光

在太空中看到的地球南极光

极光并非地球所独有，它们可以在任何拥有磁场的行星上显现。事实上，科学家们已经在木星和土星附近成功观测到了极光的壮丽景象！

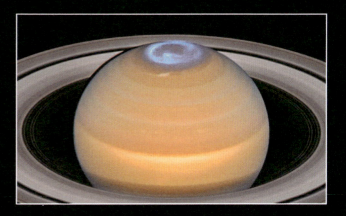

外逸层
1000千米

热层
80千米

流星　　　　　　北极光

中间层
50千米

平流层

臭氧

对流层

地球

地球的大气层

像毯子一样包裹着地球的空气，即大气。地球的大气由78%的氮、21%的氧和1%的其他气体（包括氩气和二氧化碳等）组成。离地面越远，空气就越稀薄。大气没有确定的上边缘，它逐渐消失在太空中。

大气主要由四层构成。最接近地表的是对流层，其中承载着超过3/4的大气气体。地球上的所有生物，包括人类和动植物，都生活在这一层。同时，地球上几乎所有的天气现象也都在对流层中发生。

对流层的正上方是平流层。平流层几乎没有云，而且非常干燥，但极地除外。在极地附近，冬天时平流层会形成冰云。

大气层中最高的两层是中间层和热层。中间层只有很少的空气，飞机无法在那里飞行。热层中的空气更稀薄，它位于太空的边缘。

保护臭氧层

臭氧是一种存在于地球大气中的少量气体，一个臭氧分子有3个氧原子，纯净的臭氧是一种淡蓝色气体。

在平流层中有大量的臭氧，臭氧可以吸收一部分来自太阳的有害的紫外线，保护地球上的生命。

自20世纪70年代末以来，每年春天，科学家们都能在南半球观察到南极洲上空的臭氧层变薄。臭氧减少的区域被人们称为臭氧层空洞。

每年在寒冷的天气和化学反应的作用下都会产生臭氧层空洞。寒冷的天气在高空会形成冰面，而某些化学反应可以在冰面上发生。这种消耗臭氧层的化学反应大约在11月底停止——南极洲处于晚春时节。随后，臭氧浓度开始恢复正常。

造成臭氧层空洞的化学物质在自然界中并不存在，人们生产这些化学物质主要用于喷雾罐和冰箱等产品。如果不采取任何措施，臭氧层可能已经消失了。但在1987年，各国同意停止生产这些化学物质。现在，臭氧层正在自我修复！自2000年以来，南极洲上空的臭氧层空洞一直在缩小。

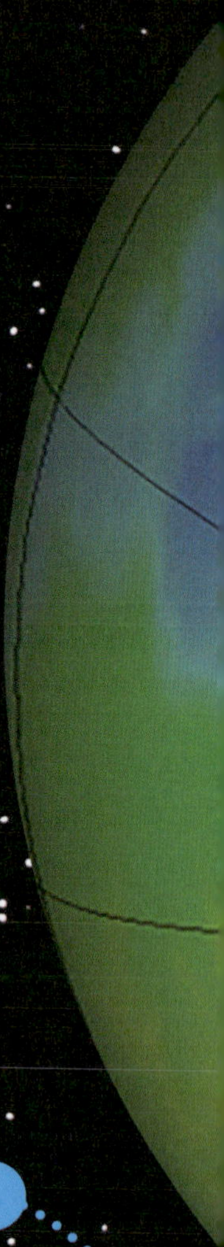

在这张从太空拍摄的地球大气层的示意图中，可以看到南极洲上空的臭氧层空洞。

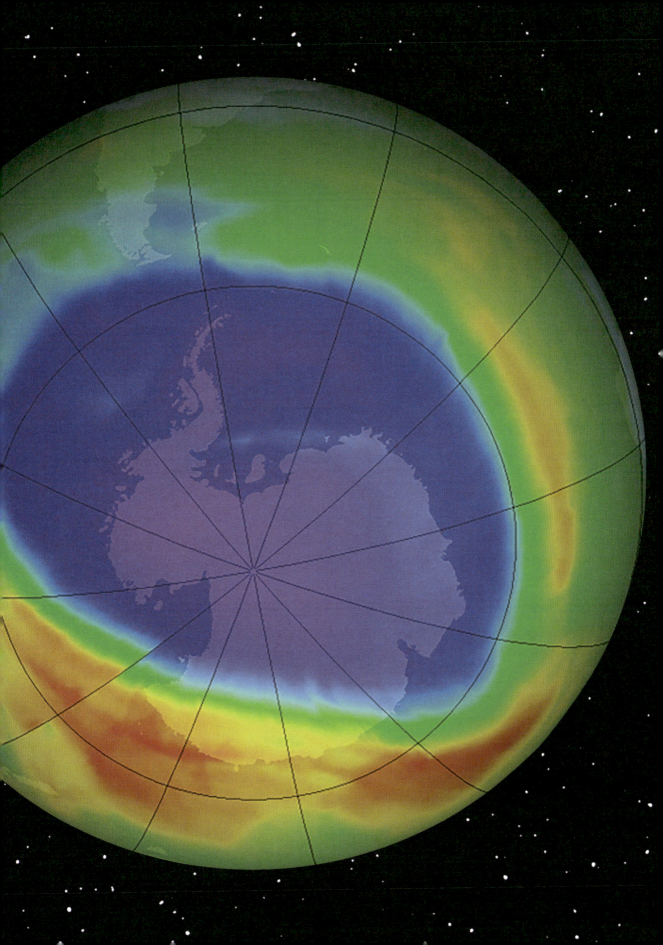

地球的天气

地球上天气现象繁多，如刮风、降雨、降雪、阴晴变化等。这些天气现象主要发生在对流层，即大气的最底层。这是因为天气现象是由空气流动引发的，而地球上几乎全部的空气运动都集中在对流层内。

云的形成主要集中在对流层，因为大气中绝大部分的水分都存在于这一层。太阳辐射的热量是驱动空气在地球表面流动的关键因素之一，太阳使赤道附近地区的温度高于极地地区，温暖的空气携带水分上升并向地球两极流动。当空气在向北或向南流动过程中遇冷，水分就会凝结形成云，并最终流回赤道。

地球的自转同样作用于天气——这种旋转会引导空气的运动。地球并非太阳系中唯一拥有天气现象的行星，但与其他星球的天气条件相比，即便是地球上最狂烈的海洋风暴和最冰冷的南极气温，也显得相对温和。

2018年，国际空间站捕捉到了一张地球的照片，记录了名为"佛罗伦萨"的巨大风暴。

> 美丽的蓝色海水环绕着加勒比海的巴哈马群岛。地球上所有的生命都依赖水生存。

一个水的世界

水是地球表面最常见的物质,它以固态、液态和气态的形式存在,比如,存在于海洋、河流和湖泊等。水不仅存在于地表和地下,甚至存在于我们呼吸的空气中,所有这些都包含在地球的水圈中。

因为地球上是比较温暖的,所以大部分水都是液态的。液态水覆盖了大约71%的地球表面,这些水中的大部分(大约97%)是海洋咸水。地球上海洋的平均深度约为4千米。

水分子由两个氢原子和一个氧原子结合而成，其独特的化学和物理性质，使得它在自然界中无可比拟。

没有其他物质可以做水能做的所有事情。

地球上只有3%的水是淡水（不是咸水），地球上大部分的淡水以地下水的形式存在于地表以下，或者被冻结在两极周围的冰盖中。

地球上的水不断地从海洋运动到大气中、陆地上，再回到海洋中。地球上的水是无休止地循环的，人们称之为水循环。

陆 地

地球表面只有大约1/4是陆地。不同时期的地壳运动造就了我们在地球上看到的许多地貌。地球上有各种各样的地貌，包括山脉、山谷和平原等。

群山高耸于周围的土地之上。山谷是山脉之间的低洼狭长地带。有些山谷又窄又深，有些则较浅并且有几千米宽。平原通常是指大片平坦的区域，得到大量雨水浸润的平原通常被森林覆盖，草原通常在较干燥的平原上。

美国西部山脉和周围平原上的日落

侵蚀是一种自然过程,岩石和土壤破碎并从一个地方移动到另一个地方。侵蚀作用通过磨损山脉,填充山谷,使河流出现和消失来改变地貌。这通常是一个缓慢而渐进的过程,会持续数千年甚至数百万年。

地球岩石

构成地壳固体部分的坚硬矿物即岩石。岩石有时是由一种矿物组成的,但更多的情况是由多种矿物的混合物组成的。

岩石的结构会影响我们周围的地貌。岩石也是土壤的一部分。

地质学家根据岩石的成因对其进行了分类。他们把岩石分为3个不同的类别:火成岩、沉积岩和变质岩。

火成岩是由熔融的岩石冷却而成的。

沉积岩是由松散的岩石沉积物形成的。

变质岩是由在地球深处的高温高压环境下改变其他岩石形成的。

亚利桑那州科罗拉多河上的马蹄湾是由被侵蚀的沉积岩构成的一道美丽风景。

板块构造理论

科学家们认为，地球一开始是一块熔融状态的岩石，较轻的物质上升到地球表面，冷却后形成了最早的地壳。

地壳并不是覆盖在地球表面的一块完整的岩石"皮肤"，相反，它是由许多被称为构造板块的独立部分组成的，这些板块就像巨大的拼图一样拼在一起。

板块漂浮在地幔的岩石上，这种岩石非常热，它就像一种浓稠的液体。

这些板块会挤压、分离，或者彼此擦肩而过，因此在两个构造板块交汇的地方常常会形成山脉和山谷。

今天地球上的山脉、山谷和平原都是经过数百万年形成的，并且许多是由于地壳运动形成的。

板块每年大约移动10厘米——与人类指甲的生长速度相似。

地球的岩石外壳是由巨大的板块构成的，称为构造板块。

37

火山带

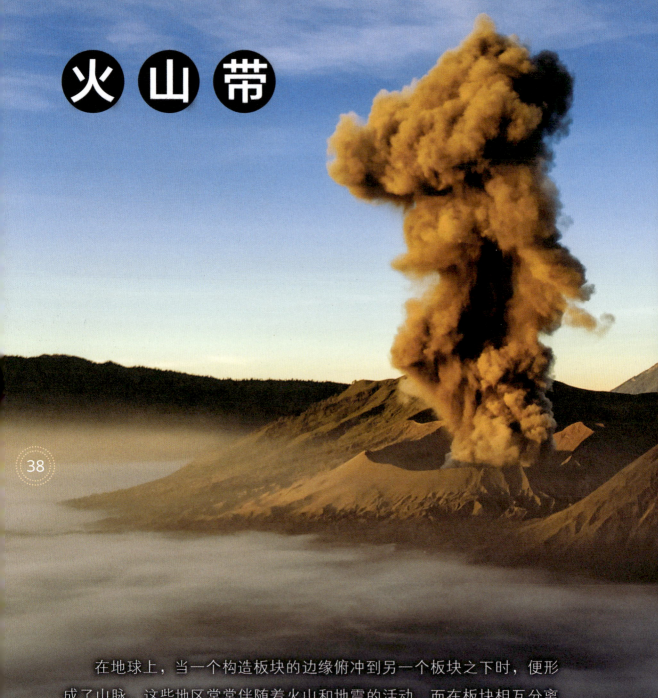

在地球上，当一个构造板块的边缘俯冲到另一个板块之下时，便形成了山脉。这些地区常常伴随着火山和地震的活动，而在板块相互分离的地方，深谷常常形成。在板块交界处，熔岩的涌出能够形成一连串的火山链。

火山带是火山活动密集的区域，该地区里有几个构造板块相遇并相互碰撞，导致这里火山和地震频繁发生。

2011年，印度尼西亚爪哇岛的婆罗摩火山爆发，喷出大量火山灰和蒸汽。印度尼西亚位于地球的火山带，那里有许多活火山。

环太平洋火山带形似马蹄，是太平洋边缘、亚洲东部边缘和美洲西海岸组成的环形地带，绵延约40 000千米，西从新西兰，西北到菲律宾，东北到日本，东到美国阿拉斯加州，南到美国俄勒冈州、加利福尼亚州，墨西哥和南美的安第斯山脉。

生机勃勃的世界

地球是宇宙中已知的唯一能维持生命生存的地方。到目前为止,科学家们还没有在其他任何星球上发现生命。

地球的温度正适合生命生存。地球绕太阳运行,位于科学家所说的宜居带,也被称为"黄金带"。它既不太冷也不太热,因此液态水可以存在于其表面。正如我们所知,液态水是生命所必需的,地球上所有的生命都需要液态水来维持生存。

包含生命的地球生物圈从最深的海洋底部延伸到几米乃至几千米高的大气层,科学家们甚至在地下深处发现了生物存在的证据!

已知的生物种类有几百万种,科学家们相信还有更多的物种尚未被发现。

珊瑚礁是一个神奇的生物群落。

生物群落

地球上众多生命体构成了生态系统。生态系统由特定环境中所有生物和非生物元素组成，包括气候、土壤、水、空气、营养物质和能量等，以及它们之间的相互作用。

地球的生态系统分布在不同的生物群落中。生物群落指的是在一个广阔的地理区域内所有生物的总和，涵盖植物、动物和微生物。陆地生物群落的界限主要由气候条件决定，每个生物群落都有其独特的动植物种类和特定的气候特征。

关键的陆地生物群落类型包括苔原、北方森林（或称针叶林）、温带针叶林、温带落叶林、灌丛地、沙漠、草原、热带稀树草原、热带雨林以及热带干旱森林（也称作热带季雨林）等。

苔原

沙漠

深 时

古生代

在地质学中深时是一个用来描述地球历史的概念，地球的历史记载在地壳的岩石中，科学家们认为地球大约形成于45亿年前，自地球形成以来，岩石一直在形成、磨损和重新形成。风化和侵蚀的产物被人们称为沉积物，它们堆积在地层中，因此可以说地层保存了关于地球过去的线索。

显示地球历史的图表称为地质年代表。在这样的图表中，地球最早的历史通常位于底部，而最近的历史则位于顶部。这种结构模仿了岩层的基本排列，即新地层在旧地层之上。

地质学家们将地球已知的历史分为4个被称为"宙"的漫长时期。前3个宙总共持续了大约40亿年，被称为前寒武纪时期。最近的一个宙，生命变得丰富，分为3个被称为"代"的时期。从最早到最晚，分别是古生代、中生代和新生代。我们生活在新生代，它开始于6 500万年前。

生命的开始

许多岩石中含有化石，揭示了地球上生命存在的历史。但最初的生物太小、太简单，无法留下太多的化石证据，这就使得科学家们很难确定生命是如何开始的。

科学家们怀疑，地球上的生命几乎在条件允许的时候就出现了。有证据表明，在大约38亿年前的岩石中，有生物产生的化学物质，在澳大利亚的一些地方也发现了大约35亿年前的微生物的化石遗迹。

活细胞由化学元素组成，这些化学元素也存在于非生物中。在大多数生物体中，最常见的元素是碳、氧和氢。有机化合物都是含碳的化合物，生物就是由有机化合物组成的，同时还含有少量的其他元素。

大多数科学家认为化学进化是对生命起源最好的解释。根据这一观点，简单的化合物在地球的早期自然形成。这些简单的化合物相互结合，形成了与生物有关的复杂结构。

这些化石是生活在数亿年前的史前海洋生物菊石的遗骸。

大灭绝

当一个物种的所有个体全部死亡，这便构成了灭绝。事实上，所有物种都面临着灭绝的可能性。历史上，超过99%曾经存在过的物种现在已经不复存在。

地球的历史上曾发生过数次大规模的物种灭绝事件，这些灾难性的灭绝被称为"大灭绝"。至今，地球上已经经历了5次这样的大灭绝，每一次都导致至少50%的物种消失。

大约2.5亿年前，发生了一次极为严重的大灭绝事件，即二叠纪大灭绝，这是地球历史上最具破坏性的一次。在这次事件中，据科学家估计，高达95%的生物种群遭遇了灭绝。

这样的大灭绝可能导致新的物种群出现，例如，大约6 500万年前恐龙大灭绝使哺乳动物得以繁盛。

一个孩子正在触摸恐龙足迹化石。恐龙在大约6 500万年前发生的大规模灭绝事件中灭绝了。

雪球地球

科学家们推测，在地球历史上的几个不同时期，大部分甚至全部的地球表面可能都被冰雪所覆盖，这一现象被称为"雪球地球"。这个术语形象地描绘了地球表面被冰雪覆盖，反射着阳光，呈现出白色球体的景象。

据研究，第一次"雪球地球"事件大约发生在22亿年前，另一次这样的事件大约在7亿年前出现。还有证据显示，最近一次的"雪球地球"可能发生在大约6.2亿到6亿年前。

在这些"雪球地球"时期，冰雪广泛覆盖了地球的多数区域。这些明亮的白色冰雪反射了大部分到达地球的太阳光，导致地球表面温度进一步降低，加剧了寒冷。

每个"雪球地球"时期似乎都以一种突然的方式结束。这些"雪球地球"事件都发生在陆地植物在地球上出现之前,自陆地植物出现以来,就再也没有出现过"雪球地球"的现象。科学家们推测,植物的出现可能使得大气中的二氧化碳含量变得更加稳定。二氧化碳是一种强效的温室气体,它通过吸收并保留地球附近的热量,有助于维持地球的温暖。

撞击地球

来自太空的大到足以造成大范围破坏的天体很少"袭击"地球。在人类历史中,发生此类事件的可能性都极低。但地球过去遭受了一些大的撞击,其中一次这样的撞击可能导致了恐龙的灭绝。

> 许多科学家认为,这场全球性的灾难是导致恐龙突然灭绝的直接原因。

科学家们有强有力的证据表明,大约6 500万年前,一颗至少10千米宽的小行星撞击了地球。这次撞击形成了希克苏鲁伯陨石坑,这是一个位于地壳中的巨大凹陷,直径约180千米,位于墨西哥尤卡坦半岛北部和墨西哥湾。

小行星撞击地球将数十亿吨的尘埃和碎片抛入大气层,撞击产生的热量可能在全球范围内引发了巨大的火灾。烟雾和烟尘使天空变暗,导致世界上许多地方的地面温度在6~12个月内降到冰点以下。

冰河时期

地球经历了许多时期，在其中的冰河时期，冰原覆盖了大片土地。

已知最早的冰河时期发生在23亿年前，这是第一个"雪球地球"时期。在大约7.5亿年前和3亿年前，冰河时期也发生过。最近一次冰河时期发生在更新世末期，更新世是地球历史的一个时期，从大约260万年前持续到大约1万年前。

更新世时期，被称为冰原的巨大冰川覆盖了北部大陆的大部分地区，而地球上的其他地区则没有冰。许多大型陆生动物生活在更新世时期，这些动物包括猛犸、巨型地懒和剑齿虎等。早期人类也生活在更新世，那时他们在非洲繁衍生息。

科学家们还没有完全理解地球为什么会有冰河时期，这可能是由地球轨道的微小周期性变化和其他行星引力引起的地轴倾斜造成的。这些变化逐渐改变了从太阳接收到的能量，导致地球变冷。

猛犸在更新世冰河时期在地球上繁盛。这种动物的长毛帮助它抵御寒冷。

研究地球

轨道观测站改变了我们对地球的研究方法,气象卫星警告我们暴风雨即将来临,而其他卫星则可以帮助我们绘制陆地和海洋的地图。

气象卫星

首批发射到太空的卫星中有一些是气象卫星。第一颗发射成功的气象卫星是由美国国家航空航天局(NASA)于1960年发射的泰罗斯一号。今天,人们发射了许多气象卫星来观测地球。这些卫星配备了相机,以观察云层覆盖情况并追踪风暴。传感器还可以用来测量温度和水蒸气。

气候卫星

有的卫星则可以用来测量气候的长期变化,例如,美国国家航空航天局(NASA)于2003年发射的冰、云和陆地高程卫星,使用激光测量北极海冰的范围——随着世界变暖,北极海冰正在变薄。美国国家航空航天局的大气号卫星可以测量臭氧层的变化,作为大气的一部分,臭氧层可以保护地球免受紫外线的伤害。

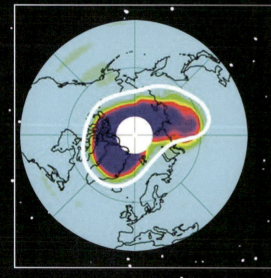

陆地的表面

地球资源卫星是最重要的观测地球的人造地球卫星之一,人们从1972年开始发射这一系列的9颗卫星。这些卫星拍摄了数百万张图像,方便科学家对我们的星球进行详细的调查。地球资源卫星使科学家们能够更好地跟踪森林被破坏的程度等变化。如今,数十颗卫星继续为人们提供着地球表面大部分地区的详细地图。

激光地球动力学卫星

激光地球动力学卫星是美国发射的激光测地卫星,它的主要任务是验证与地球有关的一些课题。卫星表面的激光反射镜反射从地球发射的激光束,帮助科学家准确测量陆地的微小运动。

海洋的运动

许多卫星用来观测海洋。2008年,美国和法国发射了执行海洋表面地形探测任务的杰森2号观测站,用来研究海洋表面的高度及其与气候的关系。

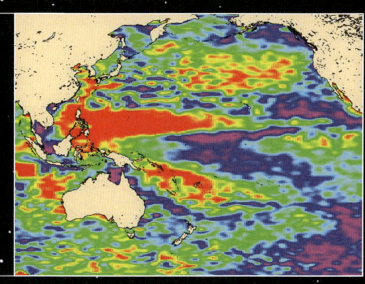

人类世

地球之大往往让人难以相信人类活动能对其产生影响，然而现实是，人类活动已经对地球产生了全面的影响。

一些科学家引入了"人类世"这一概念，用以定义人类活动对地球环境产生大规模影响的时期，其影响程度可与自然现象相提并论。

气候变暖是一个持续的过程，它既受自然因素的影响，也与人类行为紧密相关。尤其是燃烧煤炭、石油和天然气等化石燃料，人类活动向大气中排放了大量的二氧化碳和其他温室气体。

关于"人类世"的起始时间，学术界尚无统一看法。一些观点认为，这一时代始于一万多年前农业的兴起。而另一些观点则认为，它应从18世纪末工业革命的开始算起，那时动力驱动的机械和工厂开始兴起。不过，科学家们普遍认同的是，人类活动正以前所未有的方式影响着整个地球。

发电厂燃烧煤炭、石油和天然气会释放大量二氧化碳进入地球的大气层。

词汇表

哺乳动物 一种恒温、脊椎动物,身体有毛发,大部分都是胎生,并通过乳腺哺乳后代。

赤道 围绕在行星中间的假想圆。

磁铁 一种可以吸引金属的磁石。

大陆 地球上有七个大陆,分别是非洲、南极洲、亚洲、澳洲、欧洲、北美洲和南美洲。

大气 行星或其他天体周围的大量气体。

地壳 地球或其他岩石行星由岩石组成的固体外壳。

地幔 地球或其他岩石行星位于地壳和地核之间的区域。

二氧化碳 常温常压下是一种无色、无味、无臭的气体,由一个碳原子和两个氧原子构成。

分子 在没有化学反应的情况下,物质可以分解成的最小粒子。一个化学元素的分子可以由一个或多个相似的原子组成,分子化合物可以由两个或多个不同的原子组成。

轨道 较小的天体在引力作用下围绕较大的天体运行的路径。例如,行星绕太阳运行的路径。

核 行星、卫星或恒星内部的中心区域。

化石 存留在岩石中的古生物遗体、遗物或遗迹。

极点 通常指南北极点,即南北纬度分别为90度的两点。

矿物 在岩石中自然形成的物质,如锡、盐或硫。

灭绝 一个物种或一组生物的完全消失。

气候 一个地方多年来的天气状况。

深时 一个地质学和时间观念上的概念,深时的计量单位是"世"和"宙",深时的载体是岩石、冰川、钟乳石、海床沉积物和漂移的地壳板块等自然地质现象。这些载体记录着地球历史的变迁和生命的演化。

太阳系 以太阳为中心并受其引力影响使周边天体维持一定的规律运行形成的天体系统。

天文学家 研究太空中恒星、行星和其他天体或空间力学的科学家。

卫星 太空中围绕另一天体（如行星）运行的人造或自然天体。人类发射人造卫星用于通信或研究地球和太空中的其他天体。

物种 一群具有某些共同特征的动物、植物或其他生物。

小行星 小行星是太阳系内围绕太阳运行的一类由岩石、金属或其他物质构成的小天体。

星系 由恒星、气体、尘埃和其他物质在引力作用下聚集在一起的巨大系统。

行星 围绕恒星（在太阳系内是太阳）运行的天体，它们具有足够大的质量以通过自身引力达到近似球体的形状，并且在围绕恒星运行的过程中能够清除其轨道附近区域的其他物体。

引力 由具有质量的物体之间的相互吸引作用产生的力。

原子 物质的基本单位之一。

自转轴 地球或其他天体围绕其自转的中心轴线。

趣味问答

1. 地球距离太阳系里的哪颗行星最近?

2. 地球有多少颗天然卫星?

3. 地球表面最常见的物质是什么?

4. 地球表面的陆地约占多少?

5. 地球的岩石外壳是由叫作_____的巨厚大块组成的。

6. 特定环境中所有生物和非生物——包括气候、土壤、水、空气、养分和能量等,以及它们之间发生的相互作用的系统是?

7. 在一个大的地理区域内,所有生物(包括植物、动物和微生物)的集合是?

8. 科学家认为地球大约是什么时候形成的?

9. 地质学家把地球已知的历史分为四个长时间段,称为_____。最近的一个时期,即生命变得丰富的时期,被分为三个时期,称为_____。

10. 我们今天生活在什么代?

11. 科学家们有强有力的证据表明，大约6500万年前，一个直径至少10千米的＿＿＿＿撞击了地球。许多人认为这场全球性灾难是恐龙突然灭绝的直接原因。

12. 地球经历了多次冰原覆盖大面积陆地的时期，这些时期被称为?

答案：
1. 古菌
2. 一颗（即月球）
3. 水
4. 大约1/4
5. 板块构造
6. 勇否决定
7. 古地磁学
8. 约45亿年前
9. 勇、化
10. 新生代
11. 小行星
12. 冰河时期

未经许可,不得以任何方式复制或抄袭本书之部分或全部内容。
版权所有,侵权必究。

 感谢World Book对本书的图文支持。

图书在版编目(CIP)数据

这里是太阳系. 地球 / 世图汇编著. -- 北京:电子工业出版社, 2024.8. -- ISBN 978-7-121-48532-9

Ⅰ. P18-49

中国国家版本馆CIP数据核字第2024L3N136号

责任编辑:董子晔
印　　刷:天津裕同印刷有限公司
装　　订:天津裕同印刷有限公司
出版发行:电子工业出版社
　　　　　北京市海淀区万寿路173信箱　邮编:100036
开　　本:889×1194　1/16　印张:40　字数:665千字
版　　次:2024年8月第1版
印　　次:2024年8月第1次印刷
定　　价:200.00元(全10册)

凡所购买电子工业出版社图书有缺损问题,请向购买书店调换。若书店售缺,请与本社发行部联系,联系及邮购电话:(010)88254888,88258888。
质量投诉请发邮件至zlts@phei.com.cn,盗版侵权举报请发邮件至dbqq@phei.com.cn。
本书咨询联系方式:(010)88254161转1865,dongzy@phei.com.cn。

OUR SOLAR SYSTEM

MARS 世图汇 编著 刘蓉 审

火星

这里是太阳系

神秘的红色星球

电子工业出版社
Publishing House of Electronics Industry
北京·BEIJING

目录

4 火星：神秘的红色星球
6 太阳系第四颗行星
8 火星小世界
11 在夜空中寻找火星
12 火星和太阳
14 岩石的世界
16 火星的大气
19 火星上的天气
20 火星上的季节
22 火星和地球的对比
24 古火星
26 一个冷且干燥的地方
28 火星上干涸的河道

30 火星上有水
32 陨石坑、山脉和平原
34 奥林匹斯山：火星上的巨型火山
36 火星"大峡谷"
38 希腊平原：火星陨石坑之王
41 火星极地
42 火星的两颗卫星
44 火星地震
46 地球上的"火星"

49 关于火星的奇怪想法	60 词汇表
50 探索火星的奥秘	62 趣味问答
54 火星上的新发现	
56 火星上有生命吗	
59 红色星球之旅	

※天文学家利用多种类型的照片来探究行星等宇宙天体。其中许多照片展现了这些天体的自然色彩,而有些则通过添加假色或展示人眼不可见的光谱来呈现,此外,人们还会根据已有的知识,借助想象力对这些天体进行艺术描绘。

火星

火星：神秘的红色星球

我们的太阳系中没有其他行星能像火星一样使人着迷。早期通过望远镜对火星的观测激发了人们对火星的猜测，即火星是各种生命的家园，甚至有外星文明。在许多流行的科幻小说中都有对人类参观火星或火星人入侵地球的描绘。

人们对火星如此迷恋可能是因为火星离我们很近，并且它比太阳系中其他任何行星都更像地球。和地球一样，火星上也有天气、季节变化和我们熟悉的地表环境。

火星被称为"红色星球"，是因为它血一般的颜色。因为它的颜色，许多古人将火星与战争和冲突联系起来，因此这颗行星以古罗马神话中的战神玛尔斯来命名。

火星被称为红色星球是因为其有着红色的表面。

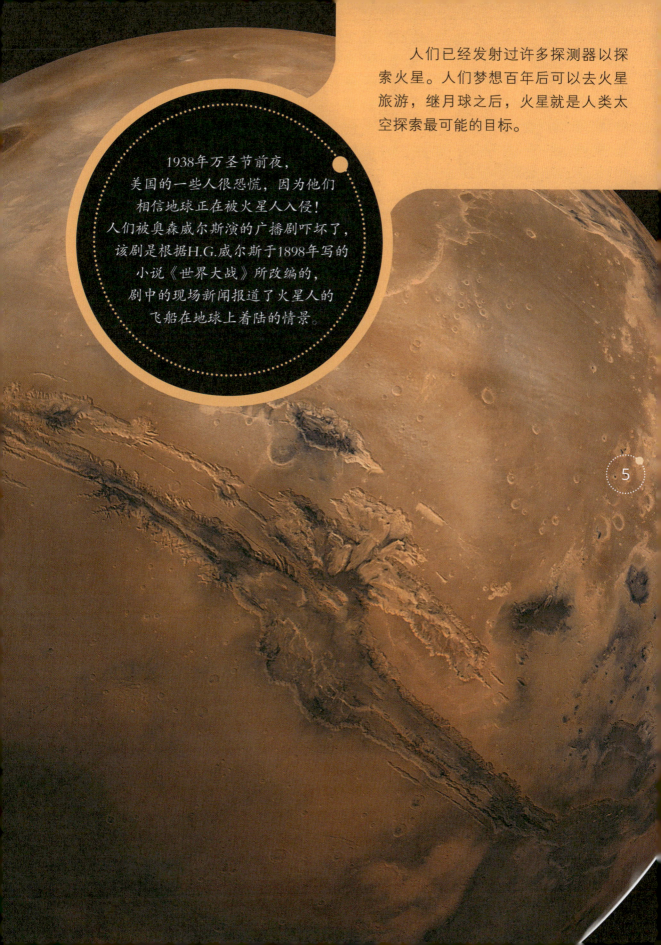

人们已经发射过许多探测器以探索火星。人们梦想百年后可以去火星旅游,继月球之后,火星就是人类太空探索最可能的目标。

1938年万圣节前夜,美国的一些人很恐慌,因为他们相信地球正在被火星人入侵!人们被奥森威尔斯演的广播剧吓坏了,该剧是根据H.G.威尔斯于1898年写的小说《世界大战》所改编的,剧中的现场新闻报道了火星人的飞船在地球上着陆的情景。

太阳系第四颗行星

火星是距离太阳第四近的行星,火星与太阳之间的平均距离大约是2.28亿千米。

火星是太阳系4颗内行星中最外层的岩石行星,其余的内行星是水星、金星和地球。火星绕太阳运行的轨道位于地球的绕日轨道和木星的绕日轨道之间。在火星和木星绕太阳运行的轨道之间是小行星主带,这是一个由数百万颗小行星组成并且环绕着太阳运行的巨型区域。

火星和地球之间的距离在不断地变化,该距离取决于两颗行星在各自轨道上的位置。两颗行星的运行轨道都是椭圆形的,然而火星的运行轨道比地球和大多数其他行星的运行轨道更像椭圆一些。

火星

有时火星和地球相距约5 600万千米,这意味着如果喷气式飞机以每小时800千米的速度飞行,那么从地球到达火星大约需要8年的时间。

太阳

水星

金星

地球

火星是内行星中最外层的岩石行星。

火星小世界

火星是太阳系中**第二小的行星**，水星是最小的。

火星直径大约为

地球直径的一半。

火星赤道直径约为6 792千米。

地球赤道直径约为12 756千米。

虽然体积较小,火星却吸引了众多的目光。纵观太阳系,降落在火星表面的探测器数量,超越了其他任何行星。

尽管火星的体积远不及地球,但两者的陆地面积却惊人地相似。地球表面约70%被海洋、湖泊和河流覆盖,而火星则截然不同,其表面完全干燥,尽是陆地。

在地球上仰望夜空，火星宛如一个璀璨的红点。

火星

古埃及人称火星为"HerDesher"，翻译过来是"那个红色的"。

火星似乎在黄道附近的天空中缓慢运行着。黄道，这条想象中的线条，代表了地球上观察者所看到的太阳的路径。月亮和行星们，也在黄道附近的天空中穿行。

当火星与地球的距离缩短时，它在夜空中显得更为庞大。借助望远镜，人们得以窥见火星表面的暗斑与冰盖——那些是裸露的岩石地带。

在夜空中寻找火星

有时候不使用望远镜我们也可以从地球上看到火星，在一年中的大部分时间里，我们在每晚的特定时间内都是可以看见火星的。火星的最佳观赏时间是火星在其轨道运行到最接近地球的时刻，在最佳观赏时间，火星通常是天空中第三亮的行星，仅金星和木星比它亮。火星看起来像夜空中的一个小红点，也因此让它脱颖而出。在其他时间，由于火星运行到了太阳后面，我们就看不见它了。

火星和太阳

当科学家与登陆火星的探测器一起工作时,他们不得不生活在"火星时间"里,这样才能在白天发送消息和接收数据。这意味着他们的每天变成了24小时39分35秒!

火星围绕太阳的运行速度大约为每秒24千米,这比地球绕日的运行速度每秒30千米还要慢。

火星以椭圆形轨道围绕着太阳运行。当火星接近太阳时，它们之间的距离约为2.07亿千米，当火星远离太阳时，它们之间的距离约为2.49亿千米。

行星上一天的时间长度是该行星自转（转一圈），并且返回到相对于太阳的相同位置处所用的时间。

火星绕**自转轴**自转的速度比地球自转的速度慢，火星自转一圈需要约24小时39分35秒。与地球一样，火星自西向东自转。

岩石的世界

火星的表面被一层厚实的岩石地壳所覆盖。在这地壳之下，是炽热的地幔，其温度之高可能已使部分岩石熔化。更深层的是火星的内核，一个由大量金属构成的巨大核心。科学家推测，这个金属核很可能主要由铁组成，并且处于熔融状态。

在地球内部，熔融的金属核心在旋转中产生电流，这些电流形成了围绕着我们的磁场。

然而，火星并没有磁场。尽管如此，对火星岩石的研究显示，它在历史上曾拥有过强大的磁场。一些科学家提出，在火星的早期历史中，可能是小行星的撞击导致了磁场的消失。而另一些科学家则认为，火星的内核正在逐渐冷却，并且旋转速度减慢，已经不足以维持磁场的产生。

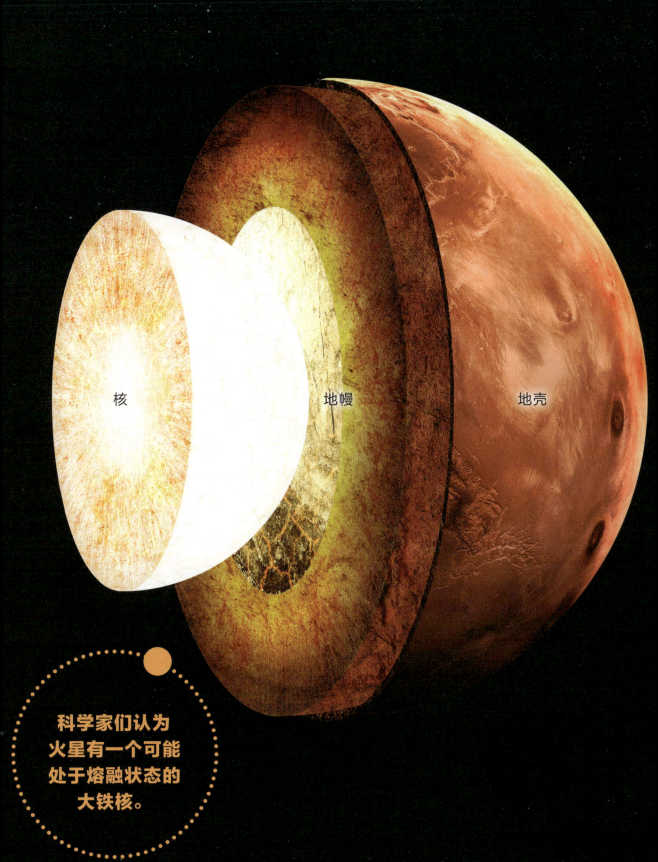

火星的大气

火星的大气层相较于地球的大气层要稀薄得多,其厚度大约只有地球大气层的百分之一。在地球上,大气压强在地表达到最高值,并随着海拔的升高而逐渐减小。相较之下,火星的大气层极为稀薄,以至于即使在火星的地表,其大气压强也低于地球大气在较高海拔处的压力水平。

火星天空的锈色

科学家们对火星大气的认识在探测器抵达火星之前就已经开始了。这一了解源于他们在地球上发现的火星陨石，这些陨石中封存了火星大气中的气体。

火星的大气主要由二氧化碳组成，还含有少量的水蒸气，以及氧气和其他元素。

火星天空中的云是由结冰的二氧化碳和水分子组成的。登陆火星的空间探测器拍摄的照片展示了火星的天空——通常是锈色的。这个颜色来自火星风吹起的微红色的尘埃颗粒。

从地球上也可以观测到,火星上有巨大的沙尘暴。

火星上的天气

火星的气候远比地球寒冷，在火星的高海拔地区，温度可以降至-130℃的极端低点。火星的平均地表温度大约是-60℃，而温度的极端变化从冬季极地的-125℃到赤道地区的20℃不等。

在火星的低温条件下，空气中的水分会凝结成冰，形成霜、雾或水冰雾。火星的早晨常常被霾和雾所笼罩。由于火星的温度极低，且大气层稀薄，火星上不会出现降雨现象，但降雪却是常见的自然现象。空间探测器在火星的极地地区观测到了降雪，而科学家们发现，这些雪实际上是由冰冻的二氧化碳构成的。

火星风通常以每小时约10千米的速度沿着火星表面轻轻吹过。但空间探测器记录到的阵风风速可以高达每小时90千米。

火星上频繁出现壮观的旋风和沙尘暴，这些旋风犹如地球上的龙卷风一般，这些沙尘暴具有巨大的能量，能将红色的尘埃吹起至数千米高空，深入火星的大气层。其中一些沙尘暴规模宏大，足以覆盖整个火星表面，并且持续数月之久。这些火星上的大风暴，其影响之深远，甚至可以在地球上被观测到。

火星上的季节

与地球相似，火星同样拥有四季更迭，但季节的周期却截然不同。火星上一个季节的时间，几乎是地球上一个季节的两倍。这是因为火星绕太阳公转的时间几乎是地球的两倍。火星的季节变化，如同地球，也经历了从夏季到秋季，再到冬季和春季的循环。这种季节的更替，同样源于火星自转轴与公转轴的倾角，这一倾角与地球的倾角大致相同。

行星在绕太阳公转的过程中，由于倾斜角度的存在，不同区域接收到的阳光量会随时间而变化。以地球为例，夏季时北半球因面向太阳而变得更为温暖。与此同时，由于南半球背离太阳，它正经历着冬季的寒冷。这种季节性的温差变化是由地球自转轴相对于公转轴的倾斜造成的自然现象。

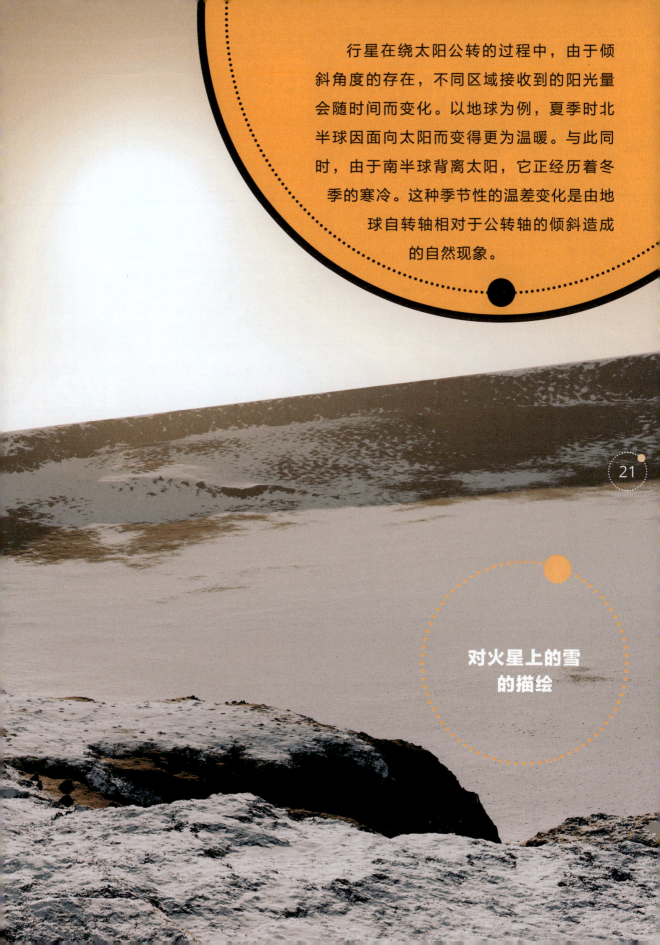

对火星上的雪的描绘

火星和地球的对比

火星赤道**直径**约为6 792千米,大约是地球赤道直径12 756千米的一半。

1/2

除了**直径**是地球的一半,火星的质量和密度也较小。

火星每687个地球日**绕太阳**运行一周。这意味着火星上的一年大约有687个地球日,而地球上的一年大约需要365天。

17

火星的**大气**包含二氧化碳、氮气、氩气、氧气、一氧化碳和水。相比之下，地球的大气主要由氮气、氧气和氩气组成。

火星的质量约是地球质量的1/10。因此，如果在地球上重45千克，那么在火星上重约17千克。

火星的一天

也就是说，从一个日出到下一个日出之间的时间持续约24小时39分35秒。这意味着火星上的一天比地球上的一天长约40分钟。火星上的一天被称为火星的太阳日（SOL），只比地球上的一天长一点儿。

火星有**两颗小卫星，**而地球只有一颗卫星。火星和地球都没有环。

古火星

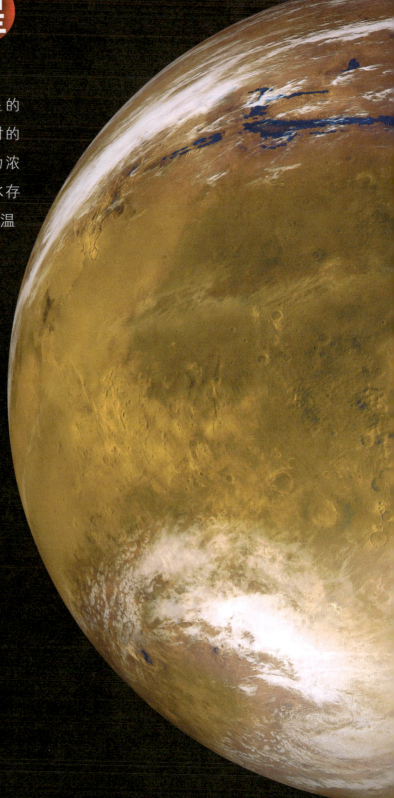

　　超过30亿年前，火星的环境与现在大不相同。当时的火星大气可能远比现在更为浓厚，足以维持地表的液态水存在。这种湿润的环境，或许温暖到足以孕育生命。

　　从空间探测器传回的火星表面的照片中，我们可以观察到类似古河床和河道的地貌遗迹。这些地貌特征揭示了水曾经在火星表面流淌的证据。在那个时期，较厚的大气层能够锁住热量，为火星表面提供足够的温暖，使得水能够以液态形式存在。

**对古火星上的
水的描绘**

在21世纪，火星探测器为我们带来了突破性的发现：数十亿年前的火星环境可能适宜生命存在。这些探测器在火星表面采集的岩石样本中，检测到了生命存在所必需的关键化学成分。此外，样本中的证据还指向了液态水曾经在这片古老的土地上流动。

一个冷且干燥的地方

如今，火星是一个寒冷又干燥的地方。它比地球上最干燥的沙漠还要干燥，而且非常寒冷，因为它失去了大部分的大气。

行星的磁场是一道强大的防线，保护着其大气层免受太阳风的侵扰。太阳风，是源自太阳、持续不断的粒子流，可对行星的大气构成威胁。而行星周围的磁场则巧妙地将这些粒子中的大部分引导开去，守护着大气层的完整与稳定。

对夕阳下火星寒冷且干燥的地表的描绘

当火星的磁场逐渐消失，太阳风粒子开始撞击其脆弱的大气层。这些高能粒子将火星大气中的气体分子一次次地推向太空，导致火星的大气层逐渐稀薄。随着大气的减少，火星地表附近的热量愈发难以维持，地表温度逐渐下降。最终，火星上的所有水分都凝结成冰，形成了广袤的冰层。人类发射至火星的探测器已证实，这一过程至今仍在持续进行。

火星上干涸的河道

如今的火星寒冷且干燥，但是火星探测器已经发现数百万年前**水流过**火星表面的证据。

1971年，美国国家航空航天局（NASA）水手9号空间探测器拍到看起来像火星上干涸的河床的照片。这些照片是过去火星地表有流动的水的**第一个证据**。

火星上一些**干涸的河道**长达2 000千米，宽达100千米，科学家们认为这些通道可能是火星上的洪水形成的。水也可能在地表或地下以溪流的形式流动，所有这些水都侵蚀了地表并形成了河道。

来自火星勘测轨道飞行器的图像展示了火星陨石坑中的宽河道。在地球上,这样的河道被称为沟壑。

一些探测器发现了火星过去存在液态水的其他迹象,陨石坑壁上的小沟壑(沟渠)表明水可能已经**从地面**流出。

火星上有水

火星表面是干燥的，但实际上火星上有很多水！火星上的大部分水都是冰冻状态的，位于两极或地下。

如果火星两极所有冰冻的水都融化，那么整个火星表面将被浅海覆盖。科学家们认为火星过去的大部分时间里，水一直存在于地表附近。如今，水可能还存在于地表之下。火星的内部热量可能使水保持液态。

美国国家航空航天局（NASA）于2001年发射的2001火星奥德赛号和欧洲空间局（ESA）于2003年发射的火星快车号一直在轨道上探索火星，以寻找地下冰存在的证据。探测器使用特殊仪器搜寻火星地表下的冰。

2008年，美国国家航空航天局（NASA）的凤凰号火星着陆器使用其机械臂挖掘火星土壤，使得地表下明亮的白色冰块露出。

2015年，美国国家航空航天局（NASA）的火星勘测轨道飞行器发现火星地表下的水是咸的！即使在火星的冰点温度以下，盐也能让水保持液态。火星勘测轨道飞行器拍摄的照片显示火星陨石坑的斜坡上有黑色狭窄的条纹，这些条纹表明最近地表下有咸水在流动。

美国国家航空航天局（NASA）的2001火星奥赛号探测器发现的火星土壤中的冰层示意图。

陨石坑、山脉和平原

火星的北半部有很多光滑平坦的平原，这些平原看起来像地球上的一些沙漠。很久以前，水流和火山喷出的熔岩使这些平原变得平坦。相比之下，火星的南半部地势崎岖高耸，有许多山脉和陨石坑。大多数陨石坑是在数十亿年前由陨石撞击火星地表时形成的。

2019年，天文学家发现了火星上的一个新的陨石坑，这与他们以前见过的陨石坑都不同，该陨石坑明亮的颜色与火星地表红色的尘土形成鲜明对比。科学家认为这个陨石坑是在2016年至2019年的某个时刻，由陨石撞击火星地表造成的。

对火星上新的陨石坑的想象

火星上分布着大量的火山，其中一些火山的规模远超地球上的火山。火星上的火山通常展现出宽阔的轮廓和绵长的斜坡，这是因为熔岩在喷出后，在凝固之前能够流淌出极远的距离。

在太阳系中，火星拥有最大且最深的峡谷，这些长而曲折的峡谷犹如古老的河床，在火星的地表上蜿蜒伸展。

奥林匹斯山：火星上的巨型火山

火星上最大的火山是奥林匹斯山。事实上，奥林匹斯山是目前已知整个太阳系中最大的火山！

奥林匹斯山高约25千米、宽约600千米，约是地球上最高的山峰珠穆朗玛峰3倍高。珠穆朗玛峰高出地球海平面约8.9千米。

在奥林匹斯山附近还有另外3座大的火山，即阿尔西亚山、阿斯克劳山和帕蒙尼斯山。这3座火山都坐落在一个名为塔尔西斯高原的凸起区域，位于火星赤道沿线，覆盖了火星近1/4的面积。

科学家们不确定火星上的火山最后一次喷发是什么时候，塔尔西斯高原上的火山可能近1亿年都没有喷发过。在近200万年，该区域内可能出现过来自其他区域的一些火山产生的熔岩流。科学家们最近发现了奥林匹斯火山熔岩的证据，这表明这座巨大的火山可能仍然活跃。

对火星上
火山喷发的描绘

奥林匹斯山
非常大,甚至可以
容纳美国夏威夷的
整个岛屿链!

火星"大峡谷"

火星上最大的峡谷被称为水手峡谷，相比之下，地球上的大峡谷看起来就很小。水手峡谷是目前已知太阳系中最大的峡谷，它沿着火星赤道，长约4 000千米。该峡谷以1971年发现它的探测器水手9号命名。

水手峡谷由若干分支峡谷组成，其中一些分支峡谷宽度达到100千米，深度则有10千米。这些分支峡谷在中心区域汇聚，形成了一个宽度达到600千米的巨大裂口。

如果水手峡谷位于地球上，它将横跨美国，从洛杉矶到大西洋沿岸。

科学家们认为水手峡谷形成于数十亿年前火星地壳分裂时，可能很久以前有水流过水手峡谷。在地球上通过望远镜观测，水手峡谷看起来像火星上一条长长的黑色伤痕。

水手峡谷看起来像火星上一条长长的黑色伤痕，这张照片是由海盗号探测器拍摄的多张照片合成的。

希腊平原：火星陨石坑之王

　　火星还拥有太阳系中最大的陨石坑之一，希腊平原是火星上的一个陨石坑，与地球上的加勒比海差不多大。希腊平原宽约2 300千米、深约9千米。相比之下，地球上已知最大的陨石坑只有大约300千米宽。

　　火星上的陨石坑是陨石撞击火星形成的，许多火星陨石坑周围的岩石看起来好像是从陨石坑中喷溅出来的。当陨石撞击火星地表时，会产生令人难以置信的热量，使地下的冰融化，形成了泥浆，后来硬化成岩石。

　　火星上的陨石坑展现出了与太阳系中其他行星和卫星上的陨石坑截然不同的特征，它们更为平坦、光滑。这是由于火星上独特的气候现象——风的作用，火星上的风不断"打磨"着陨石坑，使其表面变得更为平滑。

火星上的希腊平原
（白色虚线范围内）
是太阳系中最大的
陨石坑之一。

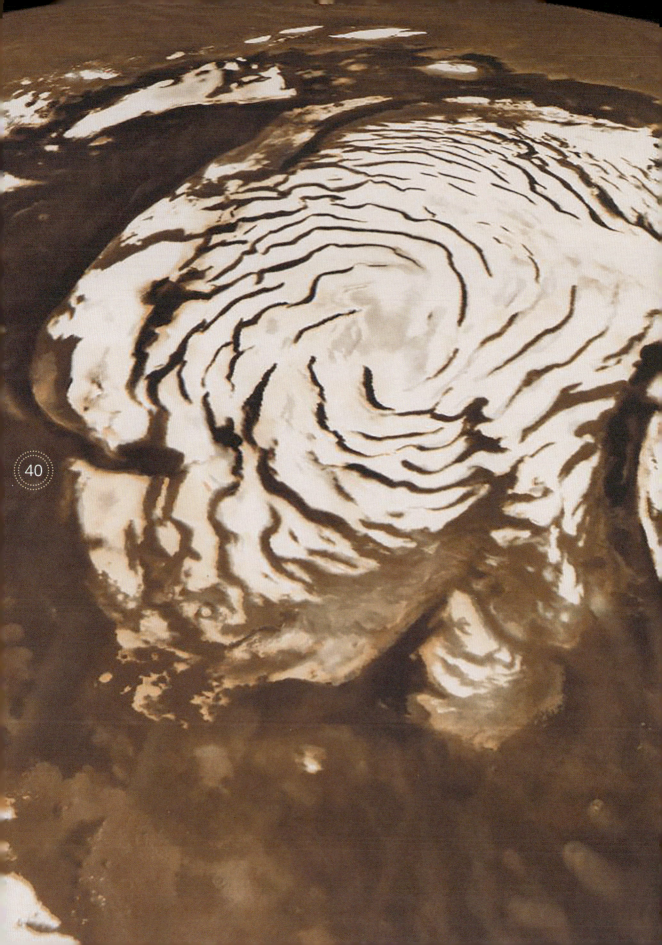

火星极地

火星的两极地区，正如地球那样，被白色的冰盖所覆盖。这些冰盖主要由水冰构成，表面被一层由二氧化碳凝结成的霜覆盖着。

随着火星季节的更迭，这些冰盖会相应地扩张或收缩。在火星的冬季，大气中的二氧化碳气体遇冷结冰，形成了一层明亮的霜层。而到了春季和夏季，这层二氧化碳霜又会融化，重新释放回大气中。

在火星的南极，冬季时冰盖会大幅扩展，有时甚至延伸至距离赤道一半左右的地区。然而到了夏季，南极的冰盖会几乎完全消退，而北极的冰盖则变化不大。这种差异主要是由于火星北半球夏季的气温远低于南半球。

火星的冰盖周围，被厚重的尘埃和水冰层所环绕。另外，在北极冰盖的周围，还可以看到沙丘的存在，这是火星独特地貌的一部分。

在火星的北极区域，厚且呈白色的冰盖被沙丘围绕着。

火星的两颗卫星

火星有两颗小卫星，分别名为火卫一和火卫二。它们的形状不均匀，表面覆盖着许多小陨石坑。两颗卫星的深灰色与某些小行星的颜色相似，因此一些科学家认为它们曾经是被火星引力捕获的小行星，随后小行星开始围绕火星而不是太阳运行。但是，另外一些科学家则认为火星周围卫星的形成时间与火星形成的时间大致相同。

> 火卫一非常小，其上的引力也非常小，以至于一个68千克重的人站在火卫一表面只重约0.9千克！

火卫一是火星两颗卫星中较大的一颗，最宽处约有27千米。从火星表面可以看到火卫一每个火星日三次西升东落。

火卫一的轨道比太阳系中的任何其他卫星都更靠近它的行星，它每天都在不断靠近火星。在大约5000万年的时间内，引力将导致火卫一坠入这颗红色的星球或者分裂成火星周围的一个小星环。

火卫二最宽处只有15千米，它比火卫一离火星远。与火卫一不同，火卫二大约每三个火星日才东升西落一次。

火卫一和火卫二于1877年被美国天文学家阿萨夫·霍尔发现。这些卫星以古希腊神话中玛尔斯之子的名字命名。

火卫一

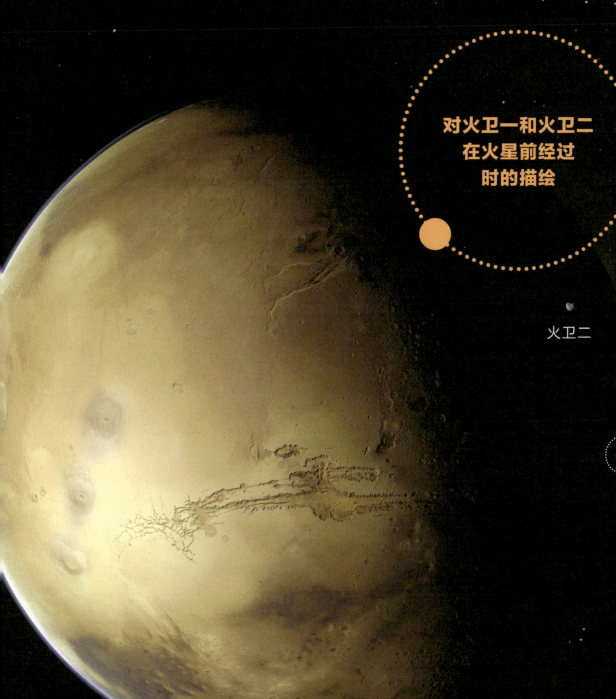

对火卫一和火卫二在火星前经过时的描绘

火卫二

43

火星地震

火星会像地球一样经历震撼人心的震动，美国国家航空航天局（NASA）的科学家在2019年首次探测到火星上的地面震动，这场"地震"的微弱隆隆声来自这颗红色星球的深处。

美国国家航空航天局（NASA）的洞察号探测器于2018年登陆火星，并于次年记录到了火星地震。探测器拥有灵敏的设备，可以在安静的火星地表捕捉到非常微弱的隆隆声。相比之下，地球表面由于海洋和天气产生的运动也会导致地球不断震动，但典型的火星地震如果在地球上发生，甚至不会被人注意到。从那时起，洞察号探测器记录了数百次火星地震。

洞察号探测器停在火星表面

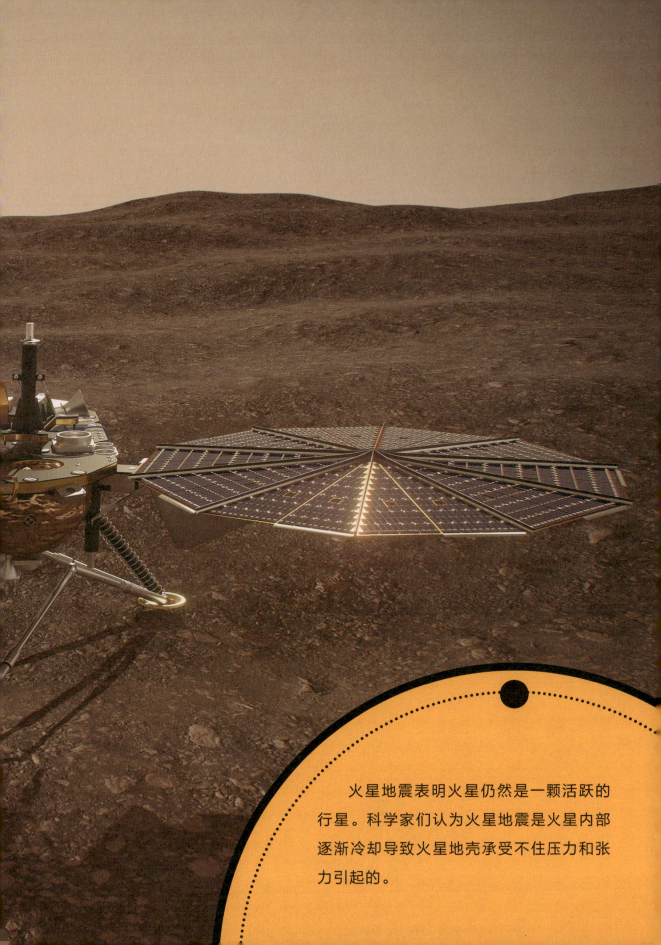

火星地震表明火星仍然是一颗活跃的行星。科学家们认为火星地震是火星内部逐渐冷却导致火星地壳承受不住压力和张力引起的。

地球上的"火星"

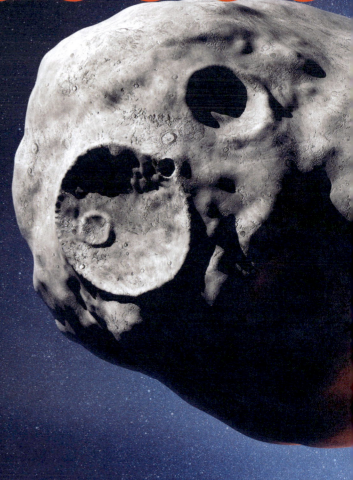

地球上确实可以找到来自火星的碎片,这些碎片是在陨石撞击火星时产生的。

强烈的撞击有时会将火星表面的岩石抛射到太空中,这些岩石随后可能在太阳系内运行数百万年。在某些情况下,这些岩石受到附近行星的引力吸引,最终像陨石一样坠落到该行星表面。在地球上,已经发现了200多块被认为来自火星的陨石。

科学家通过对比这些地球上的火星陨石与通过空间探测器在火星表面分析得到的岩石化学成分,来确认这些陨石来自火星。虽然火星陨石遍布世界各大洲,但在非洲和南极洲的发现尤为集中。这些陨石为我们提供了研究火星历史和地质的宝贵资料。

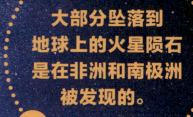

大部分坠落到地球上的火星陨石是在非洲和南极洲被发现的。

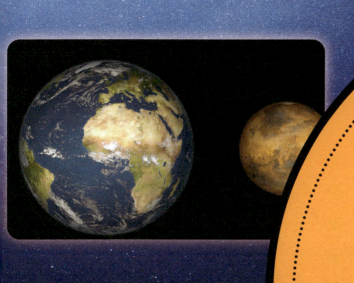

1962年，一块重达18千克的巨大火星陨石在尼日利亚坠落，险些击中一位农民。当时，他正忙于驱赶玉米地里的乌鸦，陨石就落在离他大约3米远的地方。事后，科学家们才确认这块陨石实际上来自火星。

人们曾经认为火星上有由先进的火星文明建造的灌溉渠。

关于火星的奇怪想法

许多人曾经认为火星上生活着类人生物,这个观点是基于望远镜观测火星得出的。

1877年,一位名叫斯基亚帕雷利的意大利天文学家说他看到火星表面有一些细密的暗线网格,他称这些线路为canali,在意大利语中意为"渠道"。但是canali通常被错误地翻译为canals(即运河),这是只有人类才会建造的结构。

在19世纪90年代,美国天文学家洛厄尔说他认为运河是由先进的火星文明建造的。其他天文学家说火星上的黑暗区域是火星农民种植的农作物。

如今,科学家们知道火星上并不存在运河。图像上显示的所谓的运河是黑暗和模糊的,这些不清楚的图像导致一些科学家产生了误解。火星上的黑暗区域只是裸露的岩石区域,而不是农田。

探索火星的奥秘

探索火星的探测器比其他任何行星都多,不同的国家已经向火星发射了50多个探测器。火星离地球很近,这使得空间探测器很容易到达这颗红色星球。但是远程控制探测器探索火星是极其困难的,多年来,近2/3的火星探测任务都没有成功。

在20世纪60年代,3艘美国国家航空航天局(NASA)的水手号探测器拍摄了火星并看到了许多陨石坑。在照片中,火星看起来非常像月球。然而在1971年,水手9号探测器发回了能看到火山、峡谷和干涸河床的照片。

1976年,两艘美国国家航空航天局(NASA)的海盗号探测器降落在火星上,它们在火星地表拍摄了第一张火星的近距离照片。

2021年，美国的毅力号火星车降落在火星上。它还携带了一架名为机智号的小型直升机——这是第一架在另一个星球起飞并飞行的直升机。

自20世纪90年代以来，许多空间探测器都发现了火星表面曾经有液态水的迹象。这些探测器包括美国国家航空航天局（NASA）的自动行驶的火星车（旅居者号、勇气号、机遇号、好奇号和毅力号），中国的祝融号火星车等，它们在火星地表漫游探测。

对火星勘测轨道飞行器经过火星的南极区域的描绘

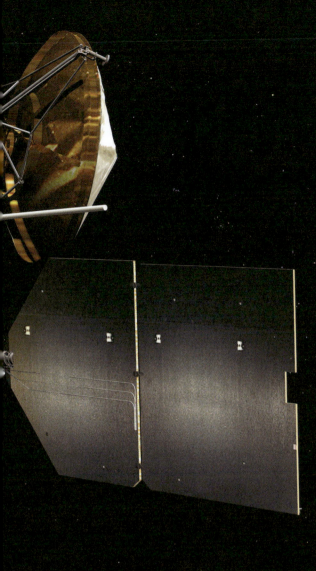

美国国家航空航天局（NASA）的火星全球勘测者号和2001火星奥德赛号，以及欧洲空间局（ESA）的火星快车号等轨道探测器都发现了火星上有水冰的证据。火星快车号还在火星大气中检测到甲烷气体。在地球上，许多生物都会产生甲烷。一些科学家认为，火星上的甲烷可能表明那里存在生命。但是，科学家们知道岩石和水之间的一些化学反应也会产生甲烷。

美国国家航空航天局（NASA）的火星勘测轨道飞行器确定了火星地表下水流动的位置。该机构的凤凰号火星着陆器于2008年探索了火星的北极地区，并且在岩石地表下方发现了水冰。美国国家航空航天局（NASA）的火星大气与挥发演化任务探测器于2014年进入火星轨道，该探测器研究了火星大气是如何随着时间的推移而消失的。

印度的火星轨道飞行器也在2014年抵达轨道。它拍摄了许多令人兴奋的火星地表的彩色照片。2018年，美国的火星洞察号探测器首次探测到了火星地震。2021年，由阿拉伯联合酋长国（UAE）与美国合作研发的名为希望号的探测器进入火星轨道，它用来探测火星天气。

火星上的新发现

对中国的天问一号火星着陆器降落到火星的的描绘

2012年，火星科学实验室降落在火星上的盖尔陨石坑，这个移动实验室包括一辆名为好奇号的火星车。好奇号是由美国与加拿大、俄罗斯和其他几个欧洲国家共同建造的。2024年初，好奇号仍在火星上探索。

> 祝融在中国传统文化中被尊为火神。

2018年，科学家们在好奇号火星车于火星表面下方钻探的岩石样本中检测到有机分子。这块岩石形成于30多亿年前，当时火星的这个区域被水覆盖。有机分子是火星上可能曾经存在生命的一个证明。然而，有机分子也可以通过火星上不涉及生命的过程产生。科学家无法判断在这些古老岩石中检测到的分子是由生物还是其他非生物过程形成的。

2019年，美国国家航空航天局（NASA）的科学家表示，好奇号火星车发现，火星盖尔陨石坑的地面曾经覆盖着浅浅的溪流，他们把这个曾经可能是生物的宜居之地，称为火星上的"古绿洲"。

2020年，中国首次执行火星探测任务。中国的天问一号探测器包括一颗轨道飞行器、一个着陆器和一辆火星车，这是首次将三个元素同时送上火星的任务。该探测器于2021年2月抵达火星，其上的祝融号火星车于5月降落在一个名为"乌托邦平原"的巨大盆地上。在接下来的几个月里，祝融号火星车沿着曾经是海洋海岸线的地方对火星表面进行探索、拍摄和分析。

火星上有生命吗

科学家们认为火星上有组成生命必需的成分——碳、氢、氧和氮等。除此之外，还有生命体可以利用的能量——太阳光或火星内部的热量，以及生命赖以生存的水。

然而，大多数科学家认为生命无法在今天的火星表面生存。火星的大气层太薄了，以至于无法阻挡来自太阳的有害紫外线（UV），这种紫外线可能杀死火星表面的任何生命。此外，火星太冷了，液态水无法存在于地表，尽管它可能存在于地下。

数十亿年前，火星可能孕育过生命。当时火星的大气层更厚，温度也更高。科学家们认为当火星变暖时，湖泊将填满火星的阿拉姆混杂地陨石坑。但是随着火星变冷，湖水开始结冰并且其中充满了沉积物。少量的微生物可能潜伏在陨石坑杂乱地形下的冰层中，这样可以免受紫外线的伤害。但科学家们没有确凿的证据证明火星上存在或曾经存在过生命，为了确定那里是否存在生命，人类可能不得不前往火星进行实地探测。

对火星的阿拉姆混杂地陨石坑的过去和现在的想象

对猎户座飞船接近火星时的描绘

红色星球之旅

一些科学家认为有一天人们会在火星上长期生活。但在此之前,人类首先必须回答许多关于火星的重要问题,其中一些问题只有通过把人类送到火星后才能回答,科学家和工程师们已经开始努力研发旅程所需的技术。

因为火星的引力比地球弱,如果一个人在火星上跳高,那么他/她可以达到的高度约是地球上的三倍!

当火星与地球处于相对较近的位置时,便为火星之旅提供了最佳时机。即便在这一时期,航天员前往火星的旅程预计仍需6至9个月的时间。为此,航天员所乘坐的宇宙飞船需经过特殊设计和建造,以确保在漫长的太空旅行中,能够抵御来自太阳的有害辐射。

到达火星后,航天员需要建立一个可持续的居住地,这不仅是为了生存,更是为了探索火星上可能存在的水资源和生命迹象。目前,一些私人太空探索公司正在积极制定并推进他们的火星探索计划。

词汇表

赤道　围绕在行星中间的假想圆。

磁场　磁铁或磁化物体周围的空间，在这个空间里可以与其他磁性物质产生相互作用。

大气　行星或其他天体周围的大量气体。

大气压　一般指气压，是作用在单位面积上的大气压力。

地壳　地球或其他岩石行星由岩石组成的固体外壳。

地幔　地球或其他岩石行星位于地壳和地核之间的区域。

二氧化碳　常温常压下是一种无色、无味、无臭的气体，由一个碳原子和两个氧原子构成。

分子　在没有化学反应的情况下，物质可以分解成的最小粒子。一个化学元素的分子可以由一个或多个相似的原子组成，分子化合物可以由两个或多个不同的原子组成。

辐射　以波或物质微粒的形式向外释放能量。

轨道　较小的天体在引力作用下围绕较大的天体运行的路径。例如，行星绕太阳运行的路径。

核　行星、卫星或恒星内部的中心区域。

极点　通常指南北极点，即南北纬度分别为90度的两点。

密度　物质的一种基本属性，描述了物质单位体积内的质量。

氢　宇宙中最丰富的化学元素。在标准状况下，氢是密度最小、最轻的气体。

水冰　科学家们用来描述冰冻的水，以区别于由其他化学物质形成的冰。

太阳系　以太阳为中心并受其引力影响使周边天体维持一定的规律运行形成的天体系统。

探测器　用于探索太空的无人驾驶设备，大多数探测器会将数据信息从太空传回地球。

天文学家　研究太空中恒星、行星和其他天体或空间力学的科学家。

望远镜 一种使远处的物体看起来更近、更大的仪器。简单的望远镜通常由一组透镜组成,但有时镜筒中有一个或多个反射镜。

微生物 一种活的有机体,小到需要用显微镜才能看到。

卫星 太空中围绕另一天体(如行星)运行的人造或自然天体。人类发射人造卫星用于通信或研究地球和太空中的其他天体。

峡谷 两侧高而陡峭的狭窄山谷。

小行星 小行星是太阳系内围绕太阳运行的一类由岩石、金属或其他物质构成的小天体。

行星 围绕恒星(在太阳系内是太阳)运行的天体,它们具有足够大的质量以通过自身引力达到近似球体的形状,并且在围绕恒星运行的过程中能够清除其轨道附近区域的其他物体。

引力 由具有质量的物体之间的相互吸引作用产生的力。

元素 物质的基本单位,仅包含一种原子。

陨石 来自外太空有质量的石头或金属,已经到达行星或卫星的表面,并没有在该天体的大气层中燃烧殆尽。

陨石坑 行星或其他天体表面由较大天体撞击而形成的碗状凹陷。

质量 物体所具有的物质的量。

小行星主带 火星和木星之间的区域,大多数小行星都存在于此。

自转轴 地球或其他天体围绕其自转的中心轴线。

趣味问答

1. 火星绕太阳运行一周约需要多少个地球日？

2. 火星大气的主要成分是什么？

3. 火星失去_____后，它的大气层变得越来越稀薄。

4. 火星上有整个太阳系最高的火山，这座火山是？

5. 火星上最长的峡谷是？

6. 火星上最大的陨石坑——希腊平原有多宽？

7. 火星的极地冰盖主是由什么物质组成的？

8. 火星有多少颗卫星？

9. 火星碎片在地球上以什么形式被发现？

10. 2018年，好奇号火星车发现了_____，表明火星上可能曾经存在过生命。

11. 2020年，中国发射了第一次火星探测任务，其中包括一个探索火星表面的着陆器，这个着陆器被称为？

12. 有了现代宇宙飞船，人类到火星旅行需要多长时间？

答案：
1. 约687个地球日
2. 二氧化碳
3. 橙黄
4. 奥林匹斯山
5. 水手谷
6. 宽约2 300千米
7. 硬质其二氧化碳凝结的水
8. 两颗卫星，火卫一和火卫二
9. 微光
10. 有机分子
11. 天问一号
12. 6~9个月

未经许可，不得以任何方式复制或抄袭本书之部分或全部内容。
版权所有，侵权必究。

 感谢World Book对本书的图文支持。

图书在版编目（CIP）数据

这里是太阳系. 火星 / 世图汇编著. -- 北京：电子工业出版社, 2024. 8. -- ISBN 978-7-121-48532-9

Ⅰ. P18-49

中国国家版本馆CIP数据核字第2024B62R01号

责任编辑：董子晔
印　　刷：天津裕同印刷有限公司
装　　订：天津裕同印刷有限公司
出版发行：电子工业出版社
　　　　　北京市海淀区万寿路173信箱　邮编：100036
开　　本：889×1194　1/16　　印张：40　　字数：665千字
版　　次：2024年8月第1版
印　　次：2024年8月第1次印刷
定　　价：200.00元（全10册）

凡所购买电子工业出版社图书有缺损问题，请向购买书店调换。若书店售缺，请与本社发行部联系，联系及邮购电话：（010）88254888，88258888。
质量投诉请发邮件至zlts@phei.com.cn，盗版侵权举报请发邮件至dbqq@phei.com.cn。
本书咨询联系方式：（010）88254161转1865，dongzy@phei.com.cn。

OUR SOLAR SYSTEM

MOON

月球

世图汇 编著　张磊 审

这里是太阳系

地球的卫星

电子工业出版社
Publishing House of Electronics Industry
北京·BEIJING

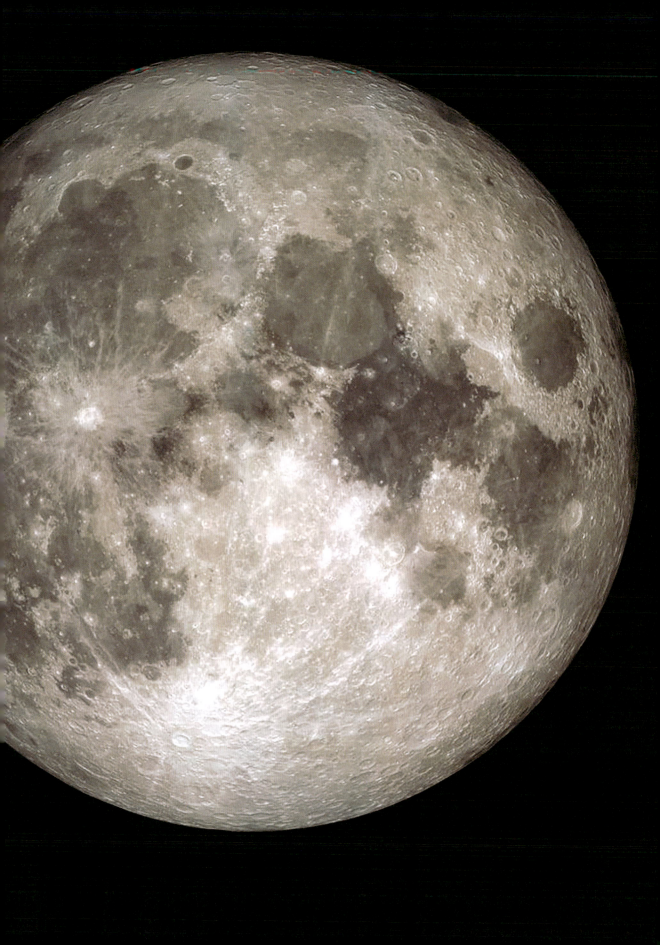

目录

4	月球的魅力	36	古人对月球的研究
6	地球最近的伙伴	38	使用望远镜对月球的早期观测
8	月球和地球	40	第一个月球探测器
10	月球的大小	43	太空竞赛
12	围绕地球旋转	44	阿波罗计划
14	眺望月球	46	人类的一大步
16	月球的表面	48	登月人
19	数以百万计的陨石坑	50	带回石头,留下脚印
20	月球的外逸层	53	阿波罗计划的成就
22	月球上的水	54	继续探测
24	月球对地球上海洋的影响	58	重返月球,再创辉煌
26	月相	60	词汇表
28	月食	62	趣味问答
30	日食		
32	正面、背面和暗面		
34	月球是如何形成的		

※天文学家利用多种类型的照片来探究行星等宇宙天体。其中许多照片展现了这些天体的自然色彩,而有些则通过添加假色或展示人眼不可见的光谱来呈现,此外,人们还会根据已有的知识,借助想象力对这些天体进行艺术描绘。

月球的魅力

从古代开始，人们就一直被离地球最近的卫星所吸引，它就是月球。远古时期的人们在凝视夜空时，有些人相信月球是旋转的碗里燃烧的一团火，另一些人则认为月球是一面镜子，上面照出了地球上的大陆和海洋。年代近一些的古代人认为月球是一个强大的神明，还有一些人认为月球会影响地球上人们的生活。即使在今天，也有很多人认为月球会影响地球上的天气和人们的生存状态。

数千年来，月球一直是人类计量时间的重要参照。众多古老文明基于对月球变化的观察，发展出了各自的阴历体系，如中国、古巴比伦、古希腊、古希伯来以及伊斯兰等文明。全球众多节日都依据阴历确定日期，其中不少节日象征着季节的更迭。

对月球的想象让诗人、作词人和科学家产生了很多灵感，图书、电影和电视节目中有很多人们畅想着飞向月球的故事。慢慢地，人们学到了更多关于月球的知识。科技加速了人类探索月球的脚步，人类真正地踏上了月球表面。

在英文中,lunatic一词的含义是"极其疯狂的人"或者"极其愚蠢的人"。这个单词是月球的拉丁语luna的衍生词,因为历史上人们认为是月球的变化让地球上的人变得疯狂。

地球最近的伙伴

除了太阳，月球是地球上空最明亮且人们最熟悉的天体。作为太阳系中距离我们最近的天体，月球与地球之间的平均距离大约是385 000千米。

月球绕着地球旋转，并和地球一起绕着太阳旋转。太阳系中的所有行星都在地月系以外。

从地球上方的边缘看到的月球

月球是夜空中最亮的天体,但是它自己并不发光,而是反射太阳光。

从地球观察时,月球似乎遵循着从东方升起,西方落下的规律。然而,实际上月球围绕地球的旋转方向是自西向东的,与地球自转的方向相同,地球自身也是沿着自西向东的方向绕自转轴自转。月球在天空中的运动给我们留下自东向西移动的印象,这是因为地球的自转速度超过了月球绕地球旋转的速度。

月球和地球

你或许难以找到比**地球和月球**之间差异更显著的两个天体。地球上植被葱郁,气候宜人,水源充足,是生命的摇篮。而月球表面却是一片荒凉景象,缺乏生命迹象,温度变化剧烈,与地球形成鲜明对比。

地球被厚厚的**大气层**包围着,但是月球上没有大气层,因此月球的天空看起来永远是黑暗的。但是月球表面也存在着少量的气体,覆盖气体的这一区域被称为**外逸层**。地球的大气层主要是由氮气、氧气等组成的。

月球**绕着地球旋转**的平均距离大约是385 000千米。地球绕着太阳旋转的平均距离大约是1.5亿千米。

月球比地球小得多,直径仅约为地球的**1/4**。

地球的卫星的英文是the moon,由此可以看出月球是地球唯一的卫星。实际上,古代的人们这么称呼月球时,并不知道太阳系中还有其他的卫星存在。直到1610年才发现月球并不是唯一的卫星,因此,其他行星的卫星也叫作moon。

月球的公转周期是它绕着地球旋转一周的时间——27.3天。在地球上，一年大约是365天，这是地球绕着太阳旋转一周的时间。

月球的自转周期约是29.5天，这也是月球在绕着地球公转的同时绕自己的中心轴自转一圈的时长。这意味着在月球上，**一天比一年时间更长！**在地球上，一天仅为24小时。

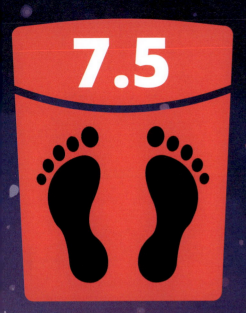

月球的质量仅约为地球的1/80。因此月球表面的重力仅约为地球表面重力 **1/6** 的。这意味着如果一个人在地球上重约45千克，那么这个人在月球上仅重约7.5千克。

地球只有一颗**天然卫星**。没有围绕月球旋转的天然卫星。

月球在赤道处的直径大约为3 475千米，地球在赤道处的直径约为12 756千米。如果将月球和地球**放在一起**，月球就像篮球旁边的一个网球。

月球的大小

月球比地球小得多。因为月球离地球相对很近，所以从地球上看，月球和太阳大小近似。但是，实际上太阳的直径约是月球直径的400倍。月球看起来和太阳大小相同的原因是太阳到地球的平均距离约是月球到地球的平均距离的400倍。

木卫四卡利斯托

木卫一艾奥

月球

和其他行星已知的大约190个卫星相比，月球算是比较大的了。它是全太阳系中所有卫星中第5大的，太阳系中比月球大的卫星仅有木卫三盖尼米得、木卫四卡利斯托、木卫一艾奥和土卫六泰坦。

土卫六泰坦

太阳系中较大的卫星

木卫三盖尼米得

木卫二欧罗巴　　海卫一特里顿

围绕地球旋转

月球围绕地球运动的速度约是每小时3 700千米。围绕地球完整走完一圈的时间是27.3天。与地球绕着太阳公转的轨道类似，**月球绕地球公转**的轨道也是椭圆形的。

地球和月球一起绕着太阳旋转。同时，它们也绕着自己的中心轴自转，但月球自转得**非常慢**。

在空间探测器抵达月球之前，人类仅能观测到月球的**一侧**，即月球的近侧。月球的另一面，被称为远侧或反面，从未被地球上的观察者直接目睹过。

在遥远的过去，在地球上可以看到月球的两面。但是随着月球的一半慢慢变重，情况发生了变化。慢慢地，地球对月球的引力让**月球的自转**变慢了，然后比较重的一面，也就是我们看到的近侧，永远被"锁定"了。

月球在缓慢地远离地球，因为万有引力的作用，它与地球的距离每年增加约3.8厘米。

眺望月球

月球在夜空中闪耀着银色的光芒。当我们用裸眼看向它时，月球就像是一个光滑的球，表面分布着或明或暗的斑块。

当通过双筒望远镜或者小的天文望远镜观看时，我们很容易看到月球表面的陨石坑和其他特征。表面看上去比较明亮的斑块实际上是粗糙的、布满陨石

你有没有在看月球时看到一张脸呢？这就是"月中人"。这张脸是由月面的"海洋"形成的。

坑的高地，称为月陆，而较暗的灰色斑块实际上是布满岩石的低地，称为月海。

月海是被玄武岩覆盖的，那是一种很硬的由火山喷发所形成的岩石。月球上的火山在数十亿年前喷发，喷出的岩浆逐渐变冷，成为固体的石头。月海看起来像是颜色较深的海洋。

月球上现在已经没有活跃的火山了，最后一次的火山喷发还是发生在1亿多年以前。因为月球最近没有火山活动了，所以有时候人们认为月球是一个"死亡的"世界。

月球的表面

月球表面覆盖着一种被称为风化层的深灰色沉积物——由**尘埃状的岩石**组成。数十亿年来撞击月球的微小陨石形成了粉状风化层。

月球表面的一个巨大陨石坑

粉状风化层从月海表面的约5米厚到月陆表面的约10米厚不等。在风化层下面是一层更大的**破碎岩石**，称为巨风化层。

和地球一样，月球也有**三层**——地壳、地幔和地核。月球坚硬外壳的近侧（面向地球的一侧）厚约70千米，远侧（背向地球的一侧）厚约150千米。月球形成时，月球背面的冷却速度更快，形成了更厚的地壳。

月球的岩石有两种主要类型，**玄武岩**是在月海中发现的硬化熔岩，**角砾岩**由破碎的岩石组成，这些岩石因陨石撞击而部分熔化并黏合在一起，主要存在于月陆中。

科学家们认为，月球富含**铁元素的核**包含一个相对较小的固体内核，周围环绕着较大的液体外核。

数百万年来（甚至更久），小行星、流星体和彗星不断地撞击着月球，留下了许多陨石坑。

数以百万计的陨石坑

月球表面特征中最令人熟悉和最壮观的可能是它数以百万计的陨石坑,科学家估计,数十万个陨石坑的宽度超过0.8千米。这些陨石坑是流星体、小行星和彗星经过数十亿年撞击月球表面形成的。

陨石坑有多种形状和大小。较年轻的陨石坑周围环绕着从中心呈扇形散开的物质,其图案类似于阳光一样的放射线,这些放射线由陨石坑形成时飞起的物质组成。科学家们认为,由于来自太阳的能量和粒子的持续"轰击",时间较长的陨石坑的圆形边缘会被磨损。大陨石坑的中心有时会有山脉,这些山脉是由撞击后向上弹起的月球物质构成的。

月球表面也有山谷和被称为沟纹的蜿蜒通道,科学家们怀疑,在很久以前,流动的熔岩形成了细沟。

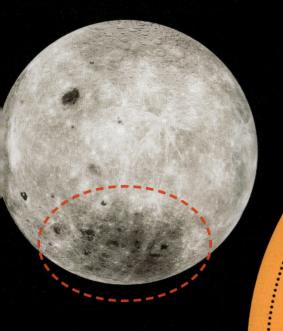

月球南极附近巨大的艾特肯盆地宽约2500千米,它是月球上最大、最深的陨石坑。事实上,它也是整个太阳系中最大的陨石坑之一!

月球的外逸层

月球没有大气层，所以它的天空总是黑色的。但是月球表面上方存在少量气体，这一层被称为外逸层。外逸层是月球上空的低密度粒子区，水星和一些小行星也有外逸层，土星的卫星土卫五也有外逸层。

月球外逸层的气体最初以太阳风的形式到达月球。太阳风是从太阳射出的连续的带电粒子流，主要由氢元素的电子和离子以及一些氦离子组成。

外逸层中的其余气体在月球上形成，持续不断的微陨星体"雨"对月球上的岩石进行加热，使其熔化并蒸发形成气体。外逸层的大部分气体集中在赤道和两极之间的中间区域，并且在日出之前最为丰富。太阳风不断地将这些气体吹入太空，但不断有新的气体补充。

月球的外逸层密度非常低，阿波罗计划的航天器每次登陆月球时，火箭排出的废气都能让外逸层的总质量暂时增加一倍。

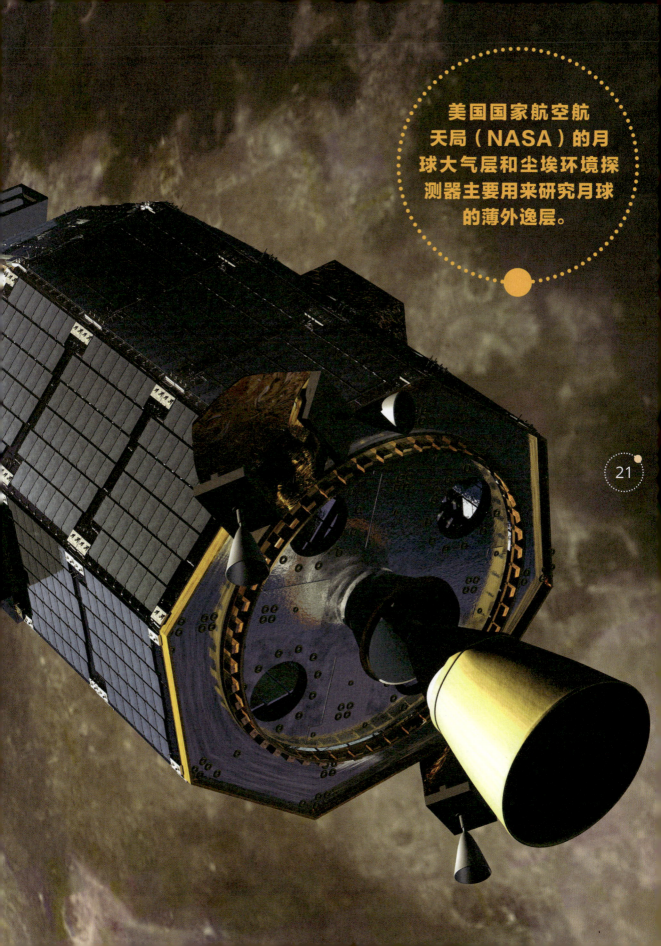

美国国家航空航天局（NASA）的月球大气层和尘埃环境探测器主要用来研究月球的薄外逸层。

月球上的水

由于月球表面没有大气层的保护，所以太阳光可以直达月球表面。月球上的夜晚漆黑一片，异常寒冷。月球上的昼夜温差极大，从夜间的-173℃到白天的127℃。科学家们很早之前就认为月球表面比地球上的沙漠地区还干燥。

月球上存在水，这一事实已被多个探测任务所证实。月球上的水主要以气态水和固态水（如冰）的形式存在，而非液态水。

2009年，美国国家航空航天局（NASA）的月球探测项目就通过撞击月球坑的方式，扬起了大量水汽，从而证实了月球上有水的存在。此后，包括中国的嫦娥五号在内的多个探测任务也进一步证实了月球水的存在。

月球水主要分布在月球的极地地区，特别是南极地区的永久阴影陨石坑内，这些地区的水主要以冰的形式存在。

近期的研究发现，月球受撞击溅射出的熔融物质冷却后形成了散落在月球表面的玻璃珠，这些撞击玻璃珠可能是月球的"迷你水库"。1吨玻璃珠中平均可含500克水，这些玻璃珠内的水的含量从外至内逐渐递减，形成"环带特征"，说明这些水很可能来自太阳风。

通过对嫦娥五号任务中月球样品的研究，科学家们推测月壤的储水量最高可达2700亿吨。

目前科学家们测量到的太阳系中最冷的地方是月球！2010年，月球轨道上的一台测量仪器观测到南极附近的埃尔米特陨石坑的温度为-248℃。

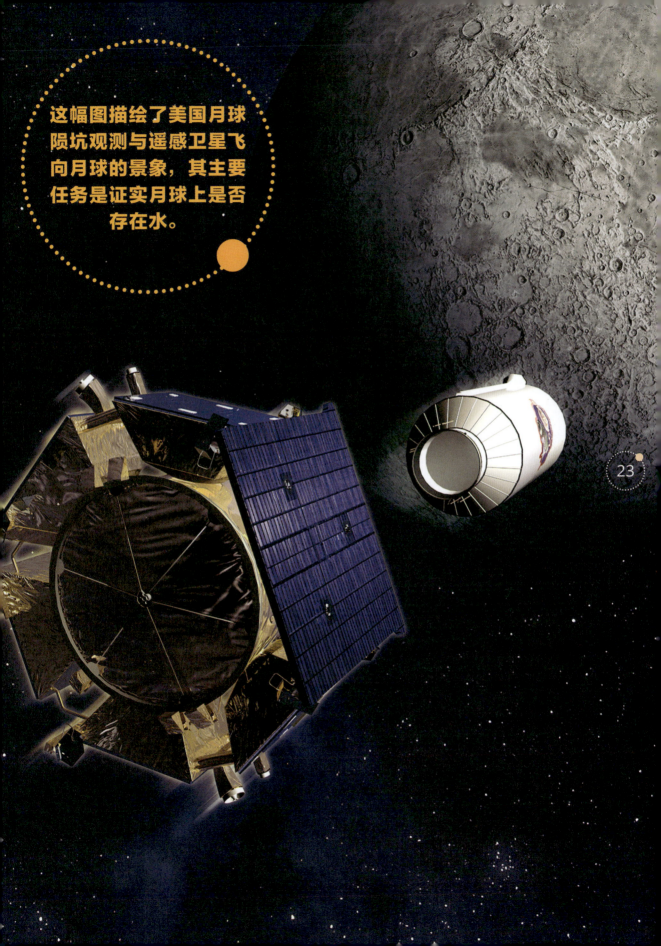

这幅图描绘了美国月球陨坑观测与遥感卫星飞向月球的景象,其主要任务是证实月球上是否存在水。

月球对地球上海洋的影响

如果你曾经在海边待过一段时间，很可能已经注意到大海的水位在一天中有升有降，海水的这种运动称为潮汐。地球和月球之间的引力是产生潮汐的主要原因，太阳的引力对潮汐高度的影响比月球引力的影响要远远小得多。

引力是天体之间的吸引力。当天体靠得更近时，引力会更大。月球对地球上海洋的引力是产生潮汐的力，在月球正下方以及地球另一端与月球正对的区域引力最强。在这些月球引力最强的地区，海洋中的水位随着涨潮而变高，一个地区每天发生两次高潮。随着地球自转，高潮的位置会发生变化。

在与月球成直角的地球两侧的海洋的水位是最低的，这两个区域位于高潮区之间且有低潮。

世界上最大的潮汐位于加拿大的芬迪湾，最大潮差可达19.6米。中国钱塘江大潮的潮差可达近9米，潮水的移动速度可达每秒10米左右。

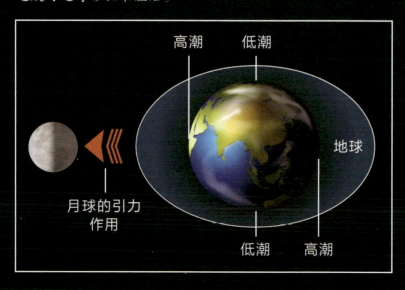

高潮，加拿大芬迪湾

低潮，加拿大芬迪湾

月 相

大家可能已经注意到，月球每天晚上看起来都有点不一样。某天晚上，天会完全变黑，什么也看不见。几天后的夜晚，月球呈反C形。随着时间的流逝，月球的可见区域越来越多。大约两周后，月球在天空中变成了一个明亮的圆球。

月球这些不同的外观被人们称为月相。月相变化的原因是月球绕地球运动，且月球和地球同时绕太阳运动。当月球位于地球和太阳之间时，从地球上看不到月球。此时，太阳没有照亮月球面向地球的部分，这一阶段的月球称为新月。当地球位于月球和太阳之间时，从地球上可以看到整个月球的一面，这一阶段的月球称为满月。

当月球从新月变为满月时，慢慢变得饱满明亮。当月球从满月变为新月时，它又会慢慢变暗。当月球看起来接近满月时，它是一个凸状的球，当月球看起来形状像C或反C形时是月牙。

在法国的拉斯科，史前洞穴壁画可能显示，人们在大约17 000年前观察到了月球的相位。科学家们将一系列的圆点和正方形（画在公牛、羚羊和马等常见图画中）解释为描绘了月球绕地球公转的29天的周期。

从太阳系上方看到的月球、地球和太阳。

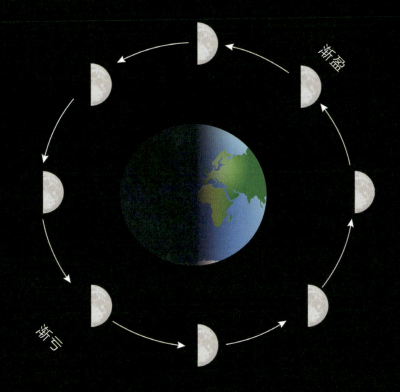

从地球上看到的月球

月食

地球和月球总是会给太空投下阴影。在某些情况下,当地球、太阳和月球几乎成一条直线时,地球会在月球上投下阴影,称为月食。

月食发生在月球穿过地球阴影时。如果整个月球穿过地球的阴影,就会发生月全食;如果只有部分月球穿过阴影,就会发生月偏食。

月全食可能持续1小时40分钟,在地球的夜半球,大多数人都能看到月食。

在大多数月食期间,月亮不会完全变黑。相反,它会变红。因为地球的大气层折射地球附近的太阳光,让它们照射到月球上,又因为大气对阳光中其他颜色的散射强度大于红色,所以这种光呈现出红色。

"超级血狼月"是一种罕见的月全食，超级月亮是指在月球离地球最近的同时出现满月。血月是月食的一部分，当地球的阴影出现在太阳和满月之间时，月亮会变成红色，狼月是一月的第一轮满月，所以一个超级血狼月是在所有这些条件同时满足时出现的！

日食

大约每年两次,在地球的某个地方,人们会看到月亮挡住太阳的光线,这一特殊现象被人们称为日食。在日全食中,太阳完全消失,只有一个发光的光环在月球周围闪耀,以显示太阳的位置。

日食只发生在新月期间,即月球恰好位于地球和太阳之间时。当日食发生时,月球会在短时间内阻挡太阳的光线,而月球的本影会落在地球上。

全食只在全食路径上可见,全食路径是指月球的本影落在地球上的区域。由于月球、太阳的相对大小,以及月球、太阳与地球的相对距离,日全食的路

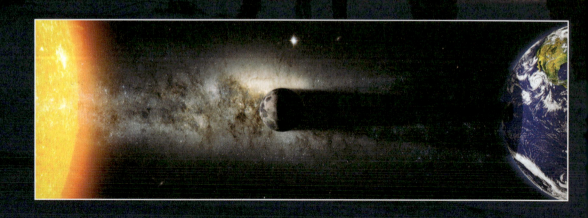

这一系列照片展示了2015年3月在北冰洋的斯瓦尔巴群岛发生的日全食。

径永远不会超过274千米。在全食路径外面但靠近全食路径的人可能会看到日偏食——月球并没有完全覆盖太阳圆盘。距离全食路径更远的人则根本看不到任何日食的迹象。

警告：切勿直视太阳。即使在日全食期间，太阳的直射光线也会损害你的眼睛。

关于日全食的最古老的书面记录来自古巴比伦文明，一块泥板描述了公元前1375年5月3日在现在的叙利亚港口城市乌加里特发生的日全食。

正面、背面和暗面

因为月球的自转速度与围绕地球的公转速度大致相同,所以月球总是以同一半球面向地球(即正面),而另一半球则总是背对着地球(即背面)。

人们有时会错误地使用"暗面"来指代遥远的一面(即背面)。不过,月球确实有暗的一面,那就是远离太阳的半球。暗面的位置不断变化,随着阳光和黑暗之间的分界线而移动。

这张由美国月球勘测轨道相机拍摄的照片展示了月球的背面。

直到1959年,人们才知道月球背面是什么样子的——苏联发射的一个空间探测器飞过月球背面并拍摄了照片。1968年,美国航天员也曾绕月球背面飞行。2019年,中国嫦娥四号探测器首次按计划在月球背面着陆。

月球是如何形成的

科学家已经得出结论,月球是在大约46亿年前地球和太阳系其他行星形成后不久形成的。科学家通过分析美国航天员和苏联探测器从月球带回地球的岩石中的化学元素来计算月球的年龄。

科学家还发现,月球岩石中的化学元素与地球岩石中的类似,但不完全相同,这表明月球和地球是由相同的物质构成的。那么,月球是如何形成的呢?许多科学家认为,月球是由一个与火星大小相当的巨大天体撞击地球后产生的碎片凝聚形成的。

撞击后，一团气态岩石云从我们的地球表面飞离，开始绕地球运行。随着时间的推移，气态岩石云冷却成一团小的固体。最终，这些固体聚集在一起，形成了月球。当这些小的固体碰撞并聚集在一起时，它们会释放大量的热量，新形成的月球可能被熔化的岩石海洋所覆盖。

古人对月球的研究

古希腊哲学家知道月球是围绕地球运行的球体,也知道月光是反射的太阳光。还有一些哲学家认为月球是一个非常像地球的世界,他们还认为月球上黑暗的区域是海洋,而明亮的区域是陆地。大约在公元100年,希腊作家普鲁塔克甚至建议人们生活在月球上!

大约在公元150年，居住在埃及亚历山大的希腊天文学家托勒密认为，月球是地球在太空中最近的天体邻居。同时他认为月球和太阳都绕地球运行，托勒密的观点流传了1300多年。但到了15世纪初，波兰天文学家尼古拉·哥白尼已经提出了正确的观点：地球和其他行星围绕太阳公转，月球围绕地球公转。

月亮从希腊波塞冬神庙后面升起。

使用望远镜对月球的早期观测

1609年，意大利科学家伽利略用简单的望远镜首次对月球进行了科学研究。当时的人们普遍认为月球是光滑的，但是伽利略注意到完全不同的情况。他看到月球表面明亮的地区是崎岖不平的丘陵，而黑暗的地区则是平坦的平原。

17世纪的其他天文学家绘制并记录了他们所能看到的月球的每一个表面特征。由于望远镜越来越先进，月球的地图也越来越详细。1645年，荷兰工程师和天文学家朗格伦绘制了一张地图，给出了月球陨石坑和其他特征地貌的名称。同年，意大利天文学家里伊塔绘制的一张地图，清晰地展示了来自月球两个陨石坑的明亮射线。1647年，波兰天文学家赫维留利用望远镜绘制了月球形态图，并绘制了一张地图，其中包括从地球上可见的月球的所有部分。

到1651年，天文学家里乔利和数学家兼物理学家格里马尔迪完成了月球地图的绘制；该地图建立了目前仍在使用的月球特征命名系统。

荷兰天文学家朗格伦于1645年绘制了这张月球地图。

第一个月球探测器

苏联发射了第一个前往月球的空间探测器，1959年1月，名为"月球1号"的探测器在月球附近飞过。美国第一个月球探测器是1959年3月发射的"先驱者4号"。1959年9月，苏联的"月球2号"成为第一个撞击月球表面的探测器。1959年10月，"月球3号"拍摄了月球的背面。这是人们第一次看到月球另一面是什么样子的。

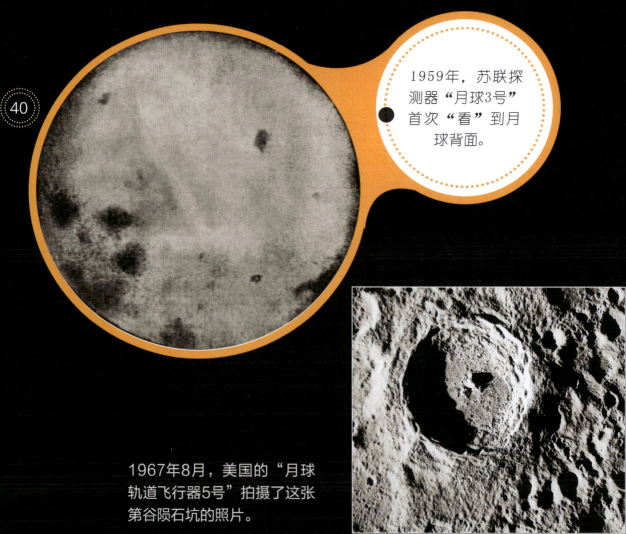

1959年，苏联探测器"月球3号"首次"看"到月球背面。

1967年8月，美国的"月球轨道飞行器5号"拍摄了这张第谷陨石坑的照片。

在20世纪60年代，许多探测器绕月飞行并成功着陆。美国发射的轨道飞行器和着陆器提供了宝贵的信息和技术经验，使美国航天员在1969年至1972年期间6次登上月球。20世纪70年代，苏联发射的着陆器使用小型火箭将月球表面的土壤样本带回地球。

1966年11月，美国的"月球轨道飞行器2号"拍摄了这张哥白尼陨石坑的照片。

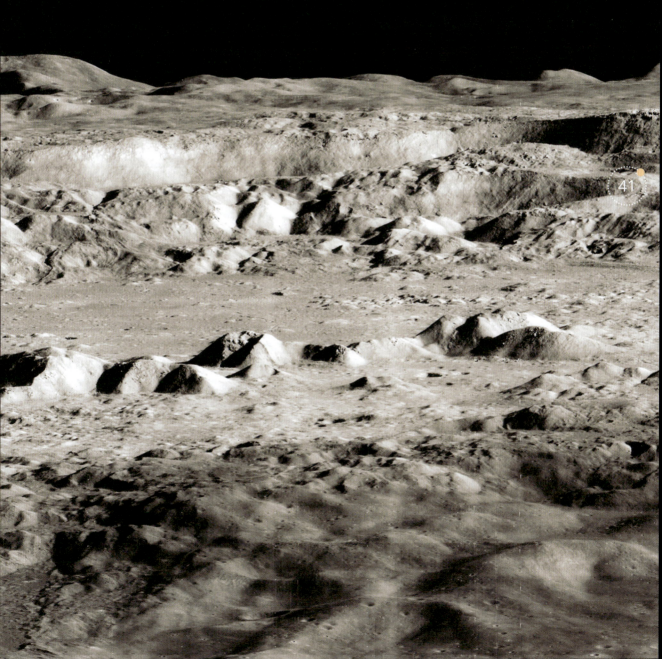

这幅图展示了1957年苏联发射的第一颗人造卫星"斯普特尼克"正在环绕地球运行。

太空竞赛

20世纪50年代末到60年代初,美国和苏联是政治竞争对手,并且当时两国都在进行太空探索计划。1957年,苏联发射了人造卫星,这让美国感到惊讶,美国领导人发誓要采取一切必要措施迎头赶上。这是"太空竞赛"的开始。

> 苏联的科学家也开始了一项计划,旨在让航天员登上月球。登月竞赛开始了!

1958年,美国国家航空航天局(NASA)成立,该机构聚集了研究人员和实验室,使人们能够共同努力,实现太空探索的目标。美国国家航空航天局(NASA)在美国太空计划的最终成功中发挥了关键作用。

1961年,美国总统约翰·肯尼迪设定了在20世纪60年代末之前将航天员送上月球的目标。美国国家航空航天局(NASA)的工程师们开始着手这项名为"阿波罗"的项目,他们设计了一艘飞船,将航天员送往月球并降落在月球表面。

执行阿波罗任务的火箭是"土星5号"

阿波罗计划

美国国家航空航天局（NASA）的阿波罗计划从1961年持续到1975年，每次登陆月球的阿波罗任务都搭载3名航天员。该计划中共有12名航天员登上月球。

该计划的火箭被称为"土星5号"，这是美国有史以来最强大的运载火箭。它的高度为111米，比一座30层楼还高。

1968年12月，执行阿波罗8号任务的航天员成为第一个绕月飞行的航天员。之后的两次阿波罗任务没有飞船着陆，也是仅绕着月球飞行。

阿波罗11号于1969年7月19日第一个登陆月球，阿波罗11号的航天员阿姆斯特朗和奥尔德林是第一批登上月球的人。

阿波罗航天员在月球表面拍照和测量，且留下了科学仪器，用于继续收集数据，总共采集了约382千克的岩石和其他样本。

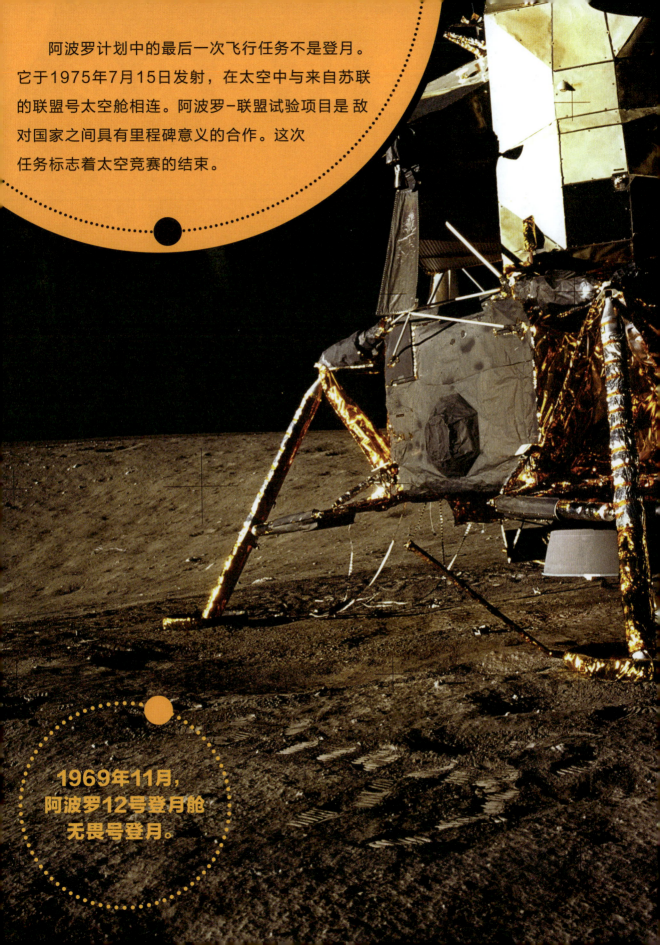

阿波罗计划中的最后一次飞行任务不是登月。它于1975年7月15日发射,在太空中与来自苏联的联盟号太空舱相连。阿波罗-联盟试验项目是敌对国家之间具有里程碑意义的合作。这次任务标志着太空竞赛的结束。

1969年11月,阿波罗12号登月舱无畏号登月。

人类的一大步

阿波罗11号第一次成功将航天员送上月球，名为"鹰"号的登月舱降落在一片名为"静海"的平坦区域。

1969年7月20日，航天员阿姆斯特朗和奥尔德林走出登月舱，踏上月球表面。阿波罗11号中的第三位航天员柯林斯留在月球上空的指挥舱中。

阿姆斯特朗是第一个踏上月球的人，他踏上月面时的第一句话是："这对一个人来说是一小步，对人类来说是一大步。"

阿姆斯特朗踏上月面时到底说了什么？由于当时通信不好，所以人们没有听清他到底有没有说"一个人"的"一个"，到现在人们还争论不休。

这是从指挥舱拍摄的阿波罗11号登月舱上升的照片。

登月人

阿波罗11号
1969年7月16日至7月24日

迈克尔·柯林斯
指挥舱飞行员

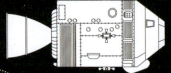

尼尔·奥尔登·阿姆斯特朗
指挥官

巴兹·奥尔德林
登月舱驾驶员

阿波罗12号
1969年11月14日至11月24日

理查德·F.戈登
指挥舱飞行员

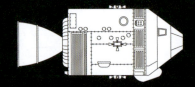

查尔斯·康拉德
指挥官

艾伦·L.比恩
登月舱驾驶员

阿波罗14号
1971年1月31日至2月9日

斯图尔特·艾伦·罗萨
指挥舱飞行员

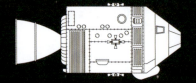

艾伦·B.谢泼德
指挥官

埃德加·D.米切尔
登月舱驾驶员

*阿波罗13号没能登陆月球。1970年4月14日,一场爆炸严重损坏了飞船的电气和氧气系统。飞船当时从地球飞出了约56小时。船上的航天员是弗雷德·W.海斯、詹姆斯·A.洛夫尔和约翰·L.斯威格特,机组人员与地面上的工程师合作修复了飞船并安全返回了地球。

6次阿波罗任务带着航天员登上了月球，每次任务都有3名航天员。登月舱将两名航天员带到月球表面，当他们探索时，另一名航天员在月球上方的轨道上驾驶指挥舱。然后，登月舱将两名航天员送回轨道指挥舱。

阿波罗15号

1971年7月26日至8月7日

阿尔弗雷德·梅里尔·华登
指挥舱飞行员

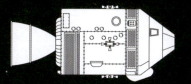

大卫·R.斯科特
指挥官

詹姆斯·B.欧文
登月舱驾驶员

阿波罗16号

1972年4月16日至4月27日

托马斯·K.马廷利二世
指挥舱飞行员

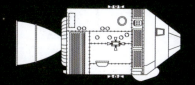

约翰·杨
指挥官

查尔斯·莫斯·杜克
登月舱驾驶员

阿波罗17号

1972年12月7日至12月19日

罗纳德·E.埃文斯
指挥舱飞行员

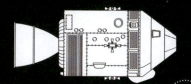

尤金·安德鲁·塞尔南
指挥官

哈里森·H.施密特
登月舱驾驶员

带回石头，留下脚印

在阿波罗6次登月期间，航天员收集了岩石和沉积物样本，带回地球进行研究。航天员总共采集了约382千克的样本，一些月岩在美国华盛顿特区的美国国家自然历史博物馆和其他几个博物馆展出，还有一小部分月岩作为礼物送给了其他国家。

月球上留下的东西比被带走的多得多。1969年7月20日，航天员阿姆斯特朗和奥尔德林首次在月球漫步时，在月球上插上了美国国旗，还留下了一块纪念碑。当然，所有在月球上行走的航天员都留下了他们的脚印。因为月球上没有风或水来打扰，所以这些足迹应该可以保留数百万年！

月球上留下的最大的物品是来自不同国家的火箭和航天器的残骸，这些物品要么是意外撞上月球的，要么是在月球探测任务中故意撞上的。科学家估计，人类在月球留下了约176 000千克的碎片。

阿波罗11号机组人员从莱特兄弟1903年的飞机上带了一块布料和木头到月球表面。今天，这架飞机的残骸在美国华盛顿特区的史密森尼学会国家航空航天博物馆展出。

1972年4月，美国航天员杜克在阿波罗16号登月任务中采集了月球样本。

智能手机背后的技术可以追溯到阿波罗计划和登月竞赛!

阿波罗计划的成就

阿波罗计划提供了独特的科学数据，其中大部分仅通过空间探测器是不可能收集到的。这些数据使科学家能够比以往任何时候都更加准确地研究月球和太阳系内行星的起源。

此外，阿波罗计划也推动了数百个工业和研究团队开发新的工具和技术，这些工具和技术后来被应用于更普通的任务。例如，在实施阿波罗计划的过程中，科学家开发了微电子和新的医疗监控设备；为阿波罗11号登月任务开发的技术使我们今天能使用的材料变得更丰富；从足球场的屋顶到食物的包装，都得益于阿波罗计划。

这些成就促进了经济的发展，最重要的是，阿波罗计划激发了人们的想象力，提高了人们对地球在宇宙中的地位的认识。

美国国家航空航天局（NASA）开发了无绳工具，帮助阿波罗航天员钻取月球样本。

继续探测

太空竞赛结束后，月球探索活动确实有所减缓，从1976年到1994年间，人们几乎没有执行过任何登月任务。在这段时间里，美国航空航天局（NASA）将重点转移到了探索太阳系内其他天体及其之外的深空任务上。然而，从20世纪90年代中期开始，全球多个国家重新点燃了对月球的兴趣，纷纷发射探测器以进一步探测和研究月球表面。这一新一波的探月活动标志着人类对月球的探索并未停止，而是进入了一个新的阶段。

1994年，美国克莱门汀号轨道飞行器进行了为期4个月的月球观测任务，它首次探测到月球表面有由水形成的冰的迹象。1998年至1999年，美国月球勘探者探测器绕月飞行，也发现有由水形成的冰的迹象。

欧洲空间局（ESA）发射的智能1号探测器于2004年至2006年绕月飞行，研究了月球的化学成分。日本的月亮女神号和中国的第一个月球探测器嫦娥一号都于2007年至2009年绕月飞行，它们也研究了月球上的化学元素。

印度于2008年启动了名为"月船1号"的探月任务，该航天器成功进入月球轨道并对月球表面进行了详细的绘图。在任务中，月船1号释放了一个撞击器，其撞击月球表面，溅起了月表物质，科学家们通过远程观测分析了是否有水存在的迹象。继月船1号之后，"月船2号"任务于2019年发射，但在尝试着陆月球前遭遇了技术故障，未能完成预定的着陆任务。

2004年至2006年，欧洲空间局的智能1号探测器环绕月球运行。

艺术家描绘的中国嫦娥五号着陆器在收集月球物质样本后从月球返回地球的画面。

美国于2009年6月发射了月球勘测轨道飞行器，它绘制了月球表面的三维地图。

2011年，美国发射了重力回溯及内部结构实验室任务的两个探测器，这对探测器于2012年从月球轨道详细观测了月球引力场。

2013年12月，中国的玉兔号月球车降落在月球上。2019年，中国的嫦娥四号探测器着陆在月球背面。为了在地球和嫦娥四号之间传输数据，中国在2018年发射了一颗中继卫星——鹊桥号。

2019年，以色列向月球发射了一艘私人资助的太空船，名为"贝雷斯特"，以展示太空船的新技术。然而，由于设备故障，它撞上了月球表面。预计未来几年还会有许多其他私人资助的登月任务。

重返月球 再创辉煌

2019年7月20日,为纪念阿波罗11号登月50周年,美国国家航空航天局(NASA)宣布完成了阿尔忒弥斯登月任务的猎户座宇宙飞船。这个登月任务的目标是让第一位女性和下一位男性登上月球。

猎户座宇宙飞船将通过美国国家航空航天局(NASA)的太空发射系统(SLS)——最新、最强大的火箭——发射。该任务的计划人员预计,航天员将乘坐猎户座飞船前往月球之门——一艘环绕月球运行的小型太空船。着陆器将把航天员送达月球表面并返回。

美国国家航空航天局(NASA)计划在月球南极着陆,那里有大量以冰形式存在的水。冰融化后可以用于饮用、生产火箭燃料和冷却设备。月球南极的一些地区在阳光下连续照射的时间超过200个地球日。太阳能电池板可以用来发电,照亮月球基地并为其设备供电。

该任务是更宏伟的火星着陆任务的第一步!

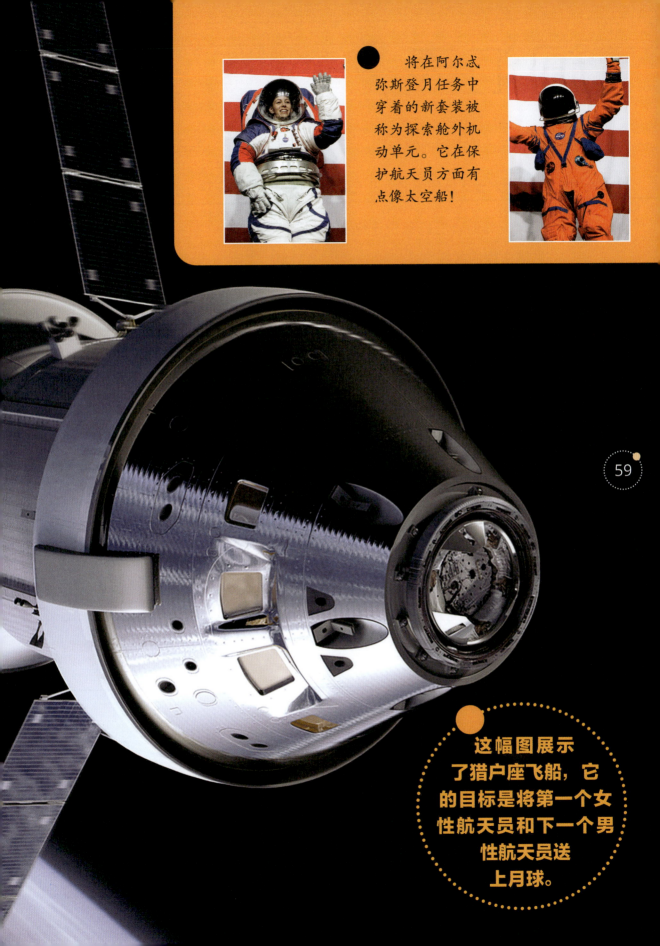

将在阿尔忒弥斯登月任务中穿着的新套装被称为探索舱外机动单元。它在保护航天员方面有点像太空船！

这幅图展示了猎户座飞船，它的目标是将第一个女性航天员和下一个男性航天员送上月球。

词汇表

赤道 围绕在行星中间的假想圆。

大气 行星或其他天体周围的大量气体。

地幔 地球或其他岩石行星位于地壳和地核之间的区域。

电子 构成原子的带负电的粒子。

风化层 覆盖在坚硬岩石上的土层和松散的岩石碎片。

沟纹 月球上一种蛇形的通道,可能是由流动的熔岩形成的。这些通道蜿蜒穿过许多月海的区域。

轨道 较小的天体在引力作用下围绕较大的天体运行的路径。例如,行星绕太阳运行的路径。

氦 一种轻质化学元素,是宇宙中第二丰富的元素。

核 行星、卫星或恒星内部的中心区域。

彗星 围绕太阳运行的由尘埃和冰组成的小天体。

火箭 一种利用反作用力原理来推进的飞行器,通过向后喷射高速气体来产生向前的推力。

离子 一个或一组带电荷的原子。

流星体 一种小天体,由太空中运行的彗星碎裂产生。

氢 宇宙中最丰富的化学元素。在标准状况下,氢是密度最小、最轻的气体。

水冰 科学家们用来描述冰冻的水,以区别于由其他化学物质形成的冰。

太阳系 以太阳为中心并受其引力影响使周边天体维持一定的规律运行形成的天体系统。

探测器 用于探索太空的无人驾驶设备,大多数探测器会将数据信息从太空传回地球。

外逸层 无空气天体周围的低密度粒子区域。

望远镜 一种使远处的物体看起来更近、更大的仪器。简单的望远镜通常由一组透镜组成,但有时镜筒中有一个或多个反射镜。

卫星　太空中围绕另一天体（如行星）旋转的人造或自然天体。人类发射人造卫星用于通信或研究地球和太空中的其他天体。

相位　地球上的观测者看到月球或某些行星的形状和大小在夜间发生的变化。这些明显的变化发生在月球或行星的不同部分被太阳照亮并在地球上可见。

小行星　小行星是太阳系内围绕太阳运行的一类由岩石、金属或其他物质构成的小天体。

行星　围绕恒星（在太阳系内是太阳）运行的天体，它们具有足够大的质量以通过自身引力达到近似球体的形状，并且在围绕恒星运行的过程中能够清除其轨道附近区域的其他物体。

玄武岩　一种坚硬的黑色火山岩石。

引力　由具有质量的物体之间的相互吸引作用产生的力。

元素　物质的基本单位，仅包含一种原子。

原子　物质的基本单位之一。

月海　月球上宽阔、平坦、黑暗的区域。

陨石　来自外太空有质量的石头或金属，已经到达行星或卫星的表面，并没有在该天体的大气层中燃烧殆尽。

陨石坑　行星或其他天体表面由较大天体撞击而形成的碗状凹陷。

质量　物体所具有的物质的量。

自转轴　地球或其他天体围绕其自转的中心轴线。

趣味问答

1. 地球的直径大约是月球直径的多少倍?

2. 月球上凹凸不平、坑坑洼洼的高地被称为?

3. 月球上的岩石低地被称为?

4. 月球的岩石低地覆盖着一种叫作_____的坚硬火山岩。

5. 月球表面覆盖着一层由尘埃状岩石碎片组成的深灰色沉积物。这一层被称为?

6. 由于陨石撞击而部分融化并黏合在一起的破碎的月球岩石被称为_____。

7. 流星体、小行星和彗星在数十亿年的时间里撞击月球表面,形成_____。

8. 月球表面的山谷和蜿蜒的沟渠被称为?

9. 月球表面有少量的气体,其所在的区域被称为?

10. 2019年，嫦娥四号探测器首次按计划在月球背面着陆。2020年，嫦娥五号着陆器在月球正面着陆，并收集了月球物质样本。哪个国家发射了这些航天器？

11. _____是第一个用简单的望远镜对月球进行科学研究的人。

12. _____是第一个踏上月球的人。

答案：
1. 时候 2. 月相 3. 月海 4. 弯弯的 5. 环形山 6. 月亮的 7. 周光片 8. 沟壑 9. 水滴晶 10. 中国 11. 意大利科学家伽利略 12. 美国航天员尼尔·阿姆斯特朗

未经许可，不得以任何方式复制或抄袭本书之部分或全部内容。
版权所有，侵权必究。

 感谢World Book对本书的图文支持。

图书在版编目（CIP）数据

这里是太阳系. 月球 / 世图汇编著. -- 北京：电子工业出版社, 2024. 8. -- ISBN 978-7-121-48532-9

Ⅰ. P18-49

中国国家版本馆CIP数据核字第2024PV2271号

责任编辑：董子晔
印　　刷：天津裕同印刷有限公司
装　　订：天津裕同印刷有限公司
出版发行：电子工业出版社
　　　　　北京市海淀区万寿路173信箱　邮编：100036
开　　本：889×1194　1/16　印张：40　字数：665千字
版　　次：2024年8月第1版
印　　次：2024年8月第1次印刷
定　　价：200.00元（全10册）

凡所购买电子工业出版社图书有缺损问题，请向购买书店调换。若书店售缺，请与本社发行部联系，联系及邮购电话：（010）88254888, 88258888。
质量投诉请发邮件至zlts@phei.com.cn，盗版侵权举报请发邮件至dbqq@phei.com.cn。
本书咨询联系方式：（010）88254161转1865，dongzy@phei.com.cn。

OUR SOLAR SYSTEM

EXPLORING SPACE

世图汇 编著　雷雨潇 审

这里是
太空探索
太阳系

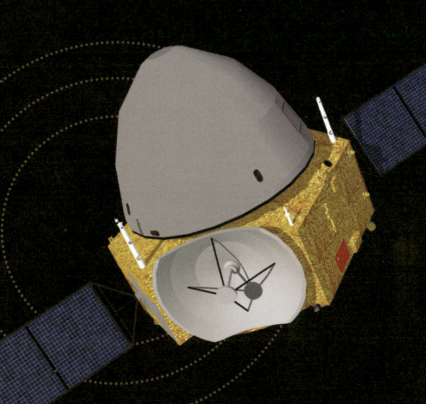

电子工业出版社
Publishing House of Electronics Industry
北京·BEIJING

目录

- 4 奇迹般的夜空
- 6 空间探测器
- 8 空间探测器能做哪些航天员做不了的事
- 10 出发去冒险
- 12 第一艘载人飞船
- 14 漫步月球
- 16 飞往金星与水星的空间探测器
- 18 目的地：火星
- 20 空间探测的先驱者
- 22 旅行者系列探测器
- 24 旅行者2号漫游之旅
- 27 引力弹弓
- 28 重返火星
- 30 火星车
- 32 火星上的发现
- 34 新的月球探测器

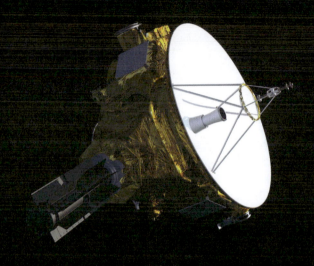

探索

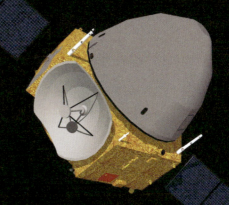

- 36　更多的木星探测器
- 38　土星上的卡西尼号
- 40　新视野号
- 42　太阳探测器
- 44　"靠近"太阳
- 46　小行星探测器
- 48　探索彗星
- 50　人类重返太空
- 52　微重力与太空旅行
- 55　太空旅行对人体的影响
- 57　穿上航天服
- 58　登上月球以及更远的地方
- 60　词汇表
- 62　趣味问答

※天文学家利用多种类型的照片来探究行星等宇宙天体。其中许多照片展现了这些天体的自然色彩，而有些则通过添加假色或展示人眼不可见的光谱来呈现，此外，人们还会根据已有的知识，借助想象力对这些天体进行艺术描绘。

奇迹般的夜空

太空探索是人类对那令人敬畏的奇妙夜空进行深入探索的方式。自古以来，人们只能通过肉眼或望远镜在地球上直接观察天空。自20世纪初，人类开始获得离开地球的能力，勇敢地冒险进入太阳系进行探索。

载人和无人宇宙飞船的探险超越了地球的边界，帮助我们收集关于太阳系和宇宙的宝贵信息。人类已成功登陆月球，并能在绕地球轨道运行的空间站中长期居住。

这样的探索有助于我们更清晰地理解地球与宇宙之间的真实联系。

太空从何处开始

地球大气层和外太空之间没有明确的界限。离地球表面越远,空气就越稀薄,但大多数科学家认为外太空始于地球上方约95千米处。大多数科学家将卡门线,也就是地球表面上方100千米处的假想边界作为外太空的起点。

卡门线是地球大气层和外太空之间的边界线。

卡门线

空间探测器

人类探索太空的时间相对较短,并且目前的技术尚未能将人类送往月球之外的地区。即使是地球上最强大的望远镜,也只能捕捉到冥王星和其他遥远太阳系天体的模糊影像。然而,借助无人驾驶的空间探测器,科学家们已经极大地拓展了我们对太阳系的了解。

空间探测器是无人驾驶的飞行器,由人类发射到太空中以收集数据,并通过无线电将这些数据传回地球。一些探测器具备收集遥远天体物质样本的能力,它们可以携带样本返回地球,或者直接在太空中分析样本的性质,随后通过无线电将分析结果发回。

空间探测器已经造访过太阳系的每一颗行星，有的甚至已经飞越了行星，有的则继续在行星或太阳的轨道上飞行，也有一些甚至绕小行星和彗星飞行。

一些探测器甚至降落在行星、卫星和其他天体上。通过撞击着陆的探测器被称为撞击器，撞击器在登陆天体表面后进行实验并记录数据。有一种特殊的撞击器，叫作巡视器，可以靠自身的动力在天体表面移动，从而对该天体进行探索。

在我们的家园银河系前面的卡西尼号探测器

空间探测器能做哪些航天员做不了的事

宇宙飞船的速度必须达到大约每小时40 000千米才能"逃脱"**地球的引力**。

把人送入太空探索太阳系是很困难的。其中，克服地球引力是宇宙飞船面临的**最大的挑战**。一种被称为运载火箭的强大火箭可以帮助航天器克服地球引力到达太空。

太空探索对人类来说充满了**危险**，许多美国和苏联的太空计划中，不幸有航天员因此失去了生命。长期的太空任务要求航天员在宇宙飞船内完成吃饭、睡觉和日常生活等必需活动。

火星大气与挥发物演化探测器（简称MAVEN或马文号）于2013年发射，旨在绕火星轨道运行时研究火星的大气。

探测器能够探索宇宙空间中的**未知领域**，或者在熟悉的区域进行长期的数据收集。然而，在某些情况下，探测器需要与人类携手，借助人类的智力、灵活性和勇气，共同揭开宇宙的神秘面纱。

无人探测器与载人探测器相比有许多优点。无人探测器比载人探测器更便宜、更小、更安全、更快。无人探测器可以进行人类无法尝试的冒险旅行，也可以去人类永远**无法生存**的充满危险的地方进行探索与研究。

出发去冒险

地球发射的第一个太空探测器是前往我们最近的天体邻居——月球。苏联成为首个发射太空探测器的国家，这个探测器被命名为"月球1号"。1959年，月球1号在距离月球大约6 000千米处飞掠而过。

先锋一号是美国成功发射的首颗卫星，自1958年起便绕地球飞行。这颗卫星传回的数据揭示了地球并非完美球形的事实。这些宝贵信息极大地辅助了地图制作者，使他们能够绘制出更为精确的世界地图。

第一个空间探测器月球1号，在1959年飞掠月球。

不久之后，1959年3月，美国国家航空航天局（NASA）发射了飞越月球的先驱者4号探测器。6个月后，苏联发射的月球2号探测器成为第一个撞击月球的探测器。月球3号探测器拍摄到了月球背对地球一侧的画面。

1964年和1965年，3个美国的徘徊者号探测器在撞向月球表面之前首次拍摄了月球的特写照片。1966年，苏联的月球9号探测器成为第一个实现在月球上软着陆的探测器。

从1965年开始，美国国家航空航天局（NASA）向环绕太阳的轨道发射了一系列先驱者号探测器，其中一些探测器运行了20多年。美国国家航空航天局（NASA）还向月球发射了一系列名为勘测者号的着陆器。勘测者1号向地球发回了数千张月球表面的图像。

第一艘载人飞船

第一艘载人飞船是苏联的"东方1号",它只有容纳一个人的空间。1961年4月12日,尤里·加加林成为第一个乘坐东方1号载人宇宙飞船进入太空的人。东方1号的设计目标是在返航时"在地面上着陆",而美国的第一艘载人宇宙飞船"水星"是为了在海洋中着陆而设计的。

第一个进入太空的美国人是艾伦·谢泼德。1961年5月5日,他乘坐名为自由7号的水星飞船飞到了1884千米高的太空,并在飞行15分钟以后安全返回地球。

航天器的部分结构常常会根据航天员从测试和飞行中得到经验给出的建议而改变。例如,早期航天员希望在水星飞船的太空舱上有一个更大的窗户,于是美国国家航空航天局(NASA)就进行了相关设计。

中国在2003年启动了属于自己的载人航天计划，当时航天员杨利伟乘坐神舟五号载人航天飞船在约21小时内绕地球飞行了14圈。

苏联的东方1号是第一艘载人飞船。1961年4月，它将人类第一次送入太空。

漫步月球

人类从建造几乎无法到达太空的火箭，到踏上月球只用了**不到10年**的时间。美国登陆月球的太空计划被称为阿波罗计划，该计划从1961年持续到1975年。

支持阿波罗离开地球的火箭——土星5号，必须要有足够的能量来使得航天员完成从地球到月球的大约40万千米的旅程，这枚火箭比30层楼还高。

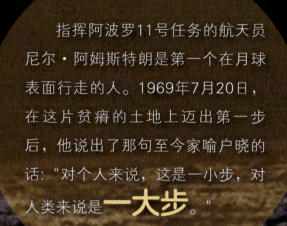

指挥阿波罗11号任务的航天员尼尔·阿姆斯特朗是第一个在月球表面行走的人。1969年7月20日，在这片贫瘠的土地上迈出第一步后，他说出了那句至今家喻户晓的话："对个人来说，这是一小步，对人类来说是**一大步**。"

1969年7月20日，航天员巴兹·奥尔德林在位于月球表面的阿波罗11号登月舱的一条支架附近行走。

地球的卫星月球是目前太阳系中除地球外唯一一个人类踏足过的地方。在已经完成的6次阿波罗计划任务中，有12个人曾经**在月球上行走**。

人类太空探索

的载人计划随着阿波罗计划的落幕而告一段落。然而，在随后的岁月中，科学家们并未止步，他们利用无人驾驶的空间探测器，执行了数项宏伟的太空探索任务。

飞往金星与水星的空间探测器

在进行阿波罗计划的同时，科学家们也发射了许多探测器来探索太阳系中的行星，金星和水星这两颗位于太阳系最内部的行星是第一批被访问的。

苏联金星13号探测器于1982年登陆金星，并且传回了该行星表面的照片。

美国人曾在1962年、1967年和1974年成功发射飞越金星的探测器。但第一个真正登陆金星的探测器是苏联的金星7号,它于1970年在金星着陆,是第一个在另一个行星着陆的探测器。

1978年,美国国家航空航天局(NASA)向金星发射了两个探测器——金星先锋1号和金星先锋2号,这些探测器记录下了有关金星大气层的宝贵数据。1982年,苏联的金星13号探测器在金星着陆,它在高温的恶劣环境中"存活"了两个多小时。金星13号向地球发回了第一张金星表面的彩色照片。

美国国家航空航天局(NASA)的水手10号是第一个到达水星的探测器。它在1974年飞到了距离水星约740千米的地方,并拍摄了这颗跟月球表面很像的行星的特写照片。

目的地：火星

与太阳系中的其他行星相比，人类对火星的探索更多。1965年，水手4号作为第一个访问这颗红色星球的探测器从火星上空飞过。然而，并非所有飞往火星的探测任务都取得了成功。

1971年，苏联的火星2号着陆器在火星表面坠毁。几天后，火星3号首次在火星上成功软着陆。但是在传输了20秒信息之后，它便与控制人员失去了联系。紧接着，美国国家航空航天局（NASA）的水手9号探测器于1971年进入火星轨道，它拍摄了火星的表面图像，并绘制出了火星的大部分地图。

整个20世纪70年代，火星上最繁忙的探测器是美国国家航空航天局（NASA）的海盗1号和海盗2号，这两个探测器都在1976年登陆火星。它们拍摄了许多火星的照片，并发表了几年内的火星气象报告。

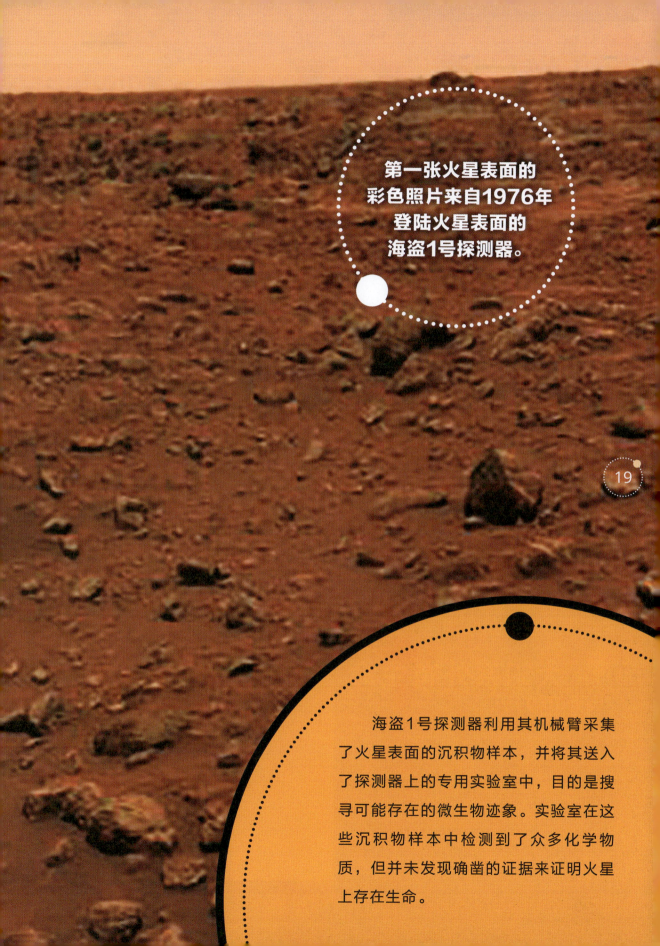

第一张火星表面的彩色照片来自1976年登陆火星表面的海盗1号探测器。

海盗1号探测器利用其机械臂采集了火星表面的沉积物样本,并将其送入了探测器上的专用实验室中,目的是搜寻可能存在的微生物迹象。实验室在这些沉积物样本中检测到了众多化学物质,但并未发现确凿的证据来证明火星上存在生命。

空间探测的先驱者

早期从地球发射到太空的探测器拜访了我们地球附近的太阳系的带内行星：水星、金星和火星。对科学家来说，发射探测器去探索太阳系的外部区域是一个更大的挑战。

想要飞往木星甚至更远的地方，探测器必须跨越太空中更远的距离。从地球给探测器发送的无线电指令通常要传播几个小时，而且太空辐射会破坏相机镜头，计算机电路也必须加上防护罩才能防止被损坏。

第一批到达木星的探测器是美国国家航空航天局（NASA）在1973年发射的先驱者10号和1974年发射的先驱者11号。这些探测器穿越了太阳系的小行星带主带，并拍摄了木星的第一张近距离特写图像。

在先驱者11号飞过木星之后，飞往了土星，随后发回了令人惊叹的土星图像。虽然这些探测任务在20世纪90年代中期因探测器燃料耗尽而结束，但这两个探测器仍在远离地球，飞向更远的星际空间（恒星之间的空间）。

● 太阳系外有生命体吗？

当先驱者号探测器们踏上离开太阳系、前往遥远的外太空的旅程时，每一个都携带了一块刻有丰富信息的金色金属牌。这块牌匾上描绘了一张图表，简洁地指示了地球在宇宙中的位置，同时展示了一个男人和一个女人的形象，以

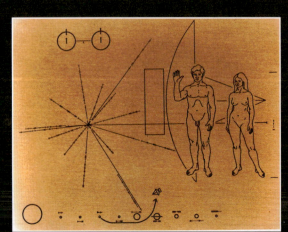

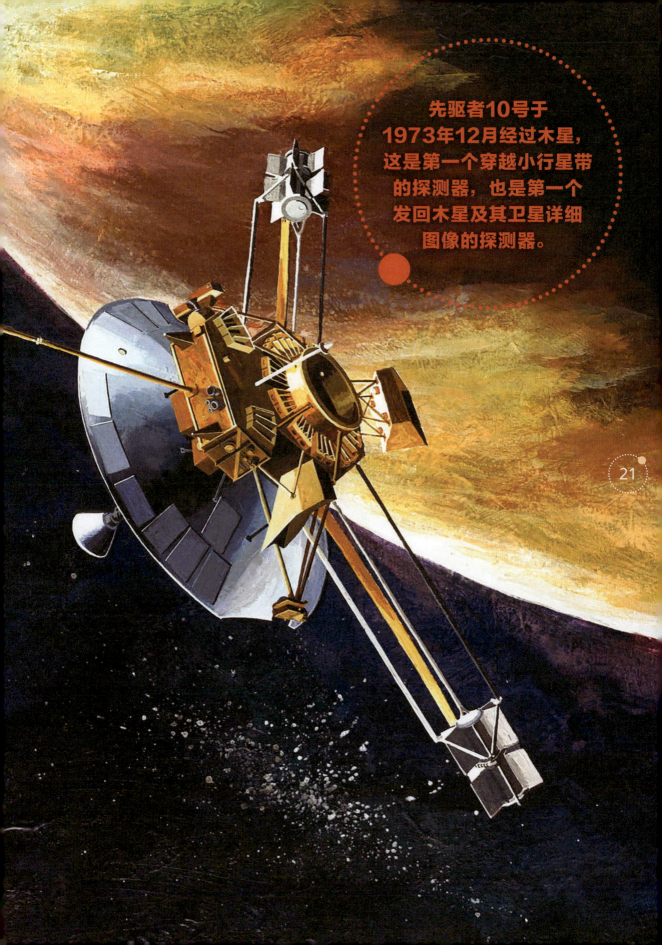

先驱者10号于1973年12月经过木星，这是第一个穿越小行星带的探测器，也是第一个发回木星及其卫星详细图像的探测器。

旅行者系列探测器

太阳

旅行者1号

木星

土星

天王星

两个探测器

都经过并拍摄了木星和土星的图像。旅行者1号还研究了土卫六——土星的卫星。这次绕道土卫六的行程使旅行者1号走上了一条远离太阳系行星的路。

没有哪个空间探测器访问的行星比**旅行者系列**探测器访问的行星更多。这些探测器是在执行太阳系探索任务时发射的，其规模之大前所未见。

美国国家航空航天局（NASA）在1977年发射了旅行者1号和旅行者2号，这两个探测器最初飞掠木星和土星的时候设计的寿命为5年。但是探测器**表现得太好了**，以至于科学家们延长了它们的任务时间。

作为它的**扩展任务**，旅行者2号是第一个在1986年造访天王星并在1989年造访海王星的空间探测器。探测器拍摄到了天王星上的云，以及海王星上的巨大风暴。旅行者号系列探测器在这些外行星轨道上发现了差不多24颗卫星。

旅行者2号于1977年8月在旅行者1号（于同年9月发射）发射之前发射。相关的任务控制人员这样做的目的是确保在一个探测器失败的情况下，可以选择不同的安排或者路径。旅行者1号先到达木星。

2012年，旅行者1号成为第一个进入**星际空间**的空间探测器。2018年，旅行者2号以不同的路径也抵达了星际空间。

旅行者2号

海王星

旅行者1号（橙色）和旅行者2号（红色）的运行轨迹

旅行者2号漫游之旅

1977年，美国国家航空航天局（NASA）的任务控制人员分别发射两个旅行者号探测器时没有抱有任何侥幸心理。两个探测器携带着相同的仪器，如果一个探测器失败了，就希望另一个探测器能完成任务。按照计划，这两个探测器于1979年抵达木星附近，然后飞掠土星。

美国国家航空航天局（NASA）的任务控制人员也发现，他们可以利用一个罕见的事件来延长旅行者2号的任务。当时，木星、土星、天王星和海王星在太空中排成一列，这种排列每175年才出现一次。他们通过无线电发出指令，使旅行者2号继续向天王星和海王星飞行。

旅行者2号于1986年近距离飞掠天王星，并于1989年抵达海王星，它将这些遥远世界中令人难以置信的图像传回地球。在访问太阳系最外层的4颗行星后，美国国家航空航天局（NASA）将旅行者2号的扩展任务称为"漫游太阳系"。

现在，旅行者1号和旅行者2号仍在星际空间中航行，而旅行者2号仍然从太阳系边缘向地球发送信息。

每个旅行者号探测器都携带两个镀金铜盘（包含描述地球上生活和文化的声音和图像）。如果它们被宇宙中的智慧生物发现，这些磁盘可以使用机载设备播放。

旅行者2号探测器离开太阳系进入星际空间。

引力弹弓最初用于探测月球和内行星。

地球
太阳
木星

火星

旅行者2号

引力弹弓

木星、土星、天王星和海王星排成一列有什么特别之处呢?这样能够使旅行者号探测器"弹弓式"高速穿越太阳系,从而在短时间内访问这几个目标。

尽管发射旅行者号探测器的火箭是有史以来最强大的火箭之一,但是像旅行者号这样的探测器要从地球直接到达天王星仍需要30年的时间,而要到达海王星则需要更长的时间。

美国国家航空航天局(NASA)的任务控制人员设置旅行者号探测器以特殊角度飞掠木星,当探测器接近木星时,木星强大的引力使探测器以比之前更快的速度被抛向土星,这种运行方式称为引力弹弓。

任务控制人员操控旅行者1号飞掠土星的卫星土卫六,这让旅行者1号走上了一条直接离开太阳系的轨道。但是旅行者2号利用土星的引力到达天王星,然后在天王星引力的帮助下到达海王星,因此探测器只用了12年时间就完成了外太阳系的大旅行。

旅行者2号在引力的帮助下绕过木星,并弹射向土星、天王星和海王星。

重返火星

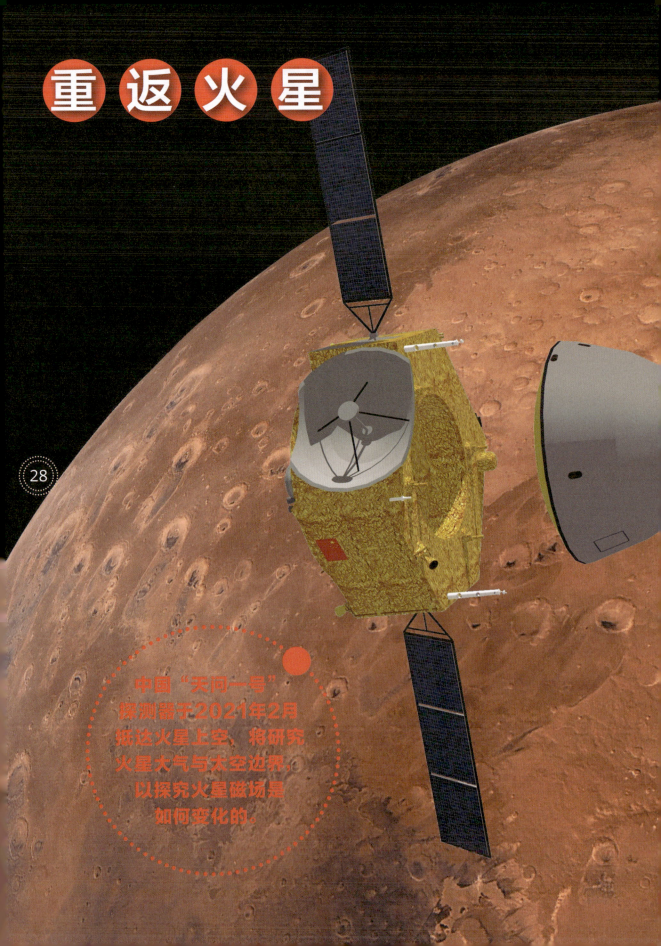

中国"天问一号"探测器于2021年2月抵达火星上空,将研究火星大气与太空边界,以探究火星磁场是如何变化的。

随着科学家研制出更好的探测器，人们向火星——这个地球最有趣的邻居发起了新的探索。

1996年，美国国家航空航天局（NASA）发射了火星全球勘测者号探测器来绘制火星表面的地图。探测器在轨道上拍摄的图像显示，火星表面可能曾经有水流过。2001年，美国国家航空航天局（NASA）发射了火星奥德赛号探测器，2002年，该探测器在火星表面之下发现了大量的水冰。

2003年，欧洲空间局（ESA）发射了火星快车号探测器，该探测器拍摄了火星表面和覆盖火星最南端地区的冰盖的照片，它还发现了火星大气中存在甲烷。在地球上，生物和非生物都可以产生甲烷。美国国家航空航天局（NASA）发射的火星勘测轨道飞行器于2006年开始绕火星运行。2015年，该探测器发现了在温暖季节火星表面有液态水在火山下方流动的证据。

2018年，美国洞察号着陆器在火星着陆。洞察号主要利用地震监测、大地测量和热传输对火星内部进行勘探。着陆器上的仪器将记录火星地壳和内部的数据，以帮助回答有关火星是如何形成的等问题。

火星车

我们现在对火星的了解大多来自**着陆器**和**火星车**。通过这些航天器，我们已经发现了许多火星表面曾经有水甚至可能有生命的证据。

美国国家航空航天局（NASA）的探路者号探测器于1997年登陆火星，探测器携带了一个约为**一辆玩具马车**大小的火星车。在3个月的时间里，这辆名为索杰纳号的火星车行驶了91米。

索杰纳号火星车分析了火星沉积物和岩石的成分，并将数据传给了探路者号探测器。探路者号探测器通过无线电把数据传给了地球上的科学家们。科学家们通过无线电信号**驾驶索杰纳号**火星车，火星车可以利用热传感器避开障碍物。

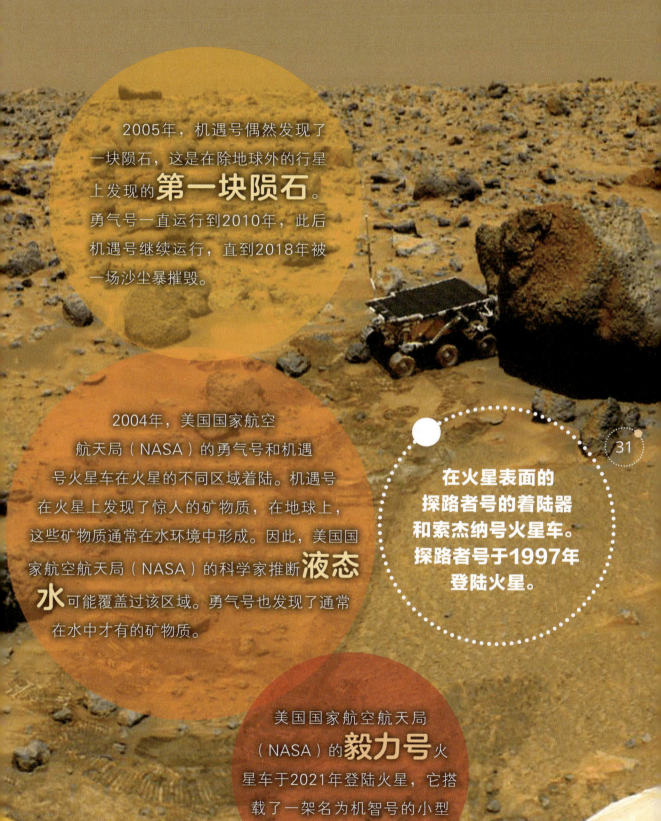

2005年，机遇号偶然发现了一块陨石，这是在除地球外的行星上发现的**第一块陨石**。勇气号一直运行到2010年，此后机遇号继续运行，直到2018年被一场沙尘暴摧毁。

2004年，美国国家航空航天局（NASA）的勇气号和机遇号火星车在火星的不同区域着陆。机遇号在火星上发现了惊人的矿物质，在地球上，这些矿物质通常在水环境中形成。因此，美国国家航空航天局（NASA）的科学家推断**液态水**可能覆盖过该区域。勇气号也发现了通常在水中才有的矿物质。

在火星表面的探路者号的着陆器和索杰纳号火星车。探路者号于1997年登陆火星。

美国国家航空航天局（NASA）的**毅力号**火星车于2021年登陆火星，它搭载了一架名为机智号的小型直升机来拍摄图像。

火星上的发现

2007年8月,美国国家航空航天局(NASA)向火星发射了凤凰号着陆器,以寻找火星土壤中存在水冰的直接证据。凤凰号于2008年6月在火星北部平原通过降落伞着陆。来自凤凰号的仪器收集的数据显示火星表面曾有水流动,且火星表面以下仍然存在水冰。

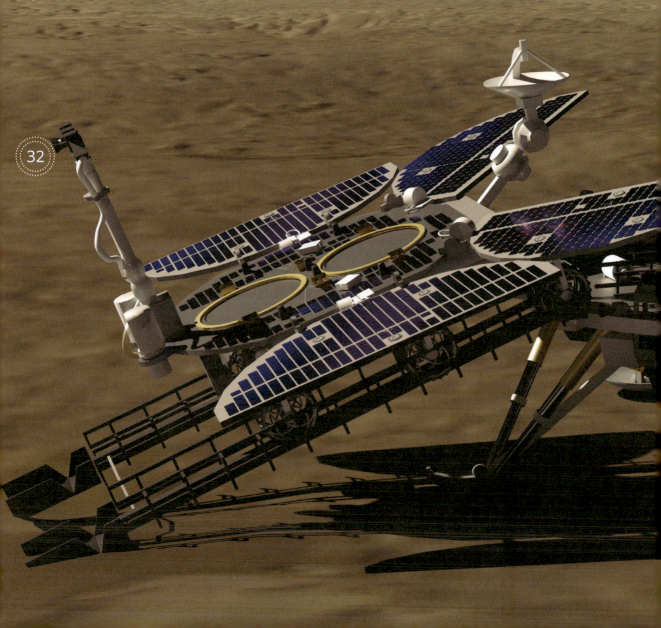

美国国家航空航天局（NASA）的好奇号火星车于2012年8月抵达火星，它进一步发现了液态水曾经流过火星表面的证据。好奇号还发现了火星上曾经可能存在过生命的证据。

中国的"天问一号"探测器在2021年2月抵达了环火星轨道。2021年5月，"天问一号"探测器释放了一辆名为祝融号的火星车，它用一系列仪器和相机来探索火星表面，调查火星地貌形成的过程。

对中国首辆火星车祝融号从着陆器上驶离时的描绘

新的月球探测器

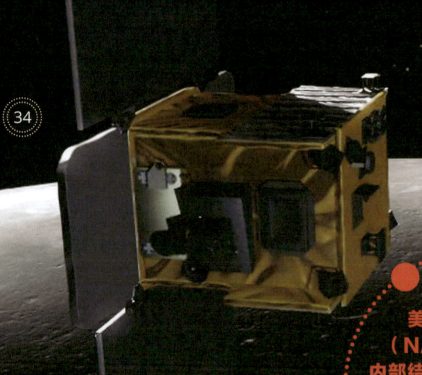

美国国家航空航天局（NASA）的重力回溯及内部结构实验室任务中的双子探测器"潮起"和"潮落"。2012年，这对探测器在月球轨道附近详细地绘制了月球的磁场。

自20世纪90年代中期以来，美国和其他国家已经利用探测器重返月球，探索和了解月球表面。1994年，美国轨道飞行器克莱芒蒂娜号执行了为期4个月的月球观测任务，并首先探测到月球表面存在水冰的证据。1998年至1999年，美国探测器月球勘探者号环绕月球，也发现了水冰的迹象。

欧洲空间局（ESA）于2004年至2006年发射了SMARF1号探测器，该探测器环绕月球飞行，并研究了月球的化学成分。日本的月亮女神号探测器和中国的第一个月球探测器嫦娥一号都在2007年至2009年期间绕月飞行，研究了月球上化学元素的组成。

印度于2008年发射了月船1号宇宙飞船，该飞船进入月球轨道并绘制了月球表面的地图。这艘宇宙飞船还释放了一个探测器，该探测器通过对月球表面撞出碎片，从远处分析月球上是否存在水。

2009年6月，美国国家航空航天局（NASA）发射了月球勘测轨道飞行器，该飞行器环绕月球运行的时候绘制了月球表面的三维地图。2011年，美国发射了重力回溯及内部结构实验室任务的两个探测器。2012年，这对探测器在月球轨道上对月球磁场进行了详细探测。

2019年，中国的嫦娥四号探测器在月球背面着陆。2018年，中国发射了一颗环绕月球运行的卫星"鹊桥"，用于在地球和嫦娥四号之间进行数据传输。2020年12月，中国的嫦娥五号着陆器在月球近地表面着陆，收集月球物质样本，并将这些样本带回了地球。嫦娥五号轨道飞行器则留在太空中进行进一步探索。

嫦娥六号探测器于2024年5月3日由长征五号遥八运载火箭成功发射，并准确进入地月转移轨道。这次任务实现了世界首次月球背面采样返回，具有重大的科学意义。

更多的木星探测器

1989年，美国国家航空航天局（NASA）向木星发射了一艘名为伽利略的探测器。伽利略号探测器于1995年抵达木星，是首个环绕太阳系的外行星运行的探测器，且环绕木星运行了8年。

伽利略号探测器由两部分组成，较大的探测器向木星大气层释放了一个小探测器，这个小探测器收集了大约一小时的数据，然后在木星稠密的大气中被压碎。与此同时，较大的探测器环绕木星运行，并观察木星较大的卫星。它发现了木卫二（木星较大的卫星之一）冰冻表面之下可能存在海洋的证据。2003年，由于燃料耗尽，伽利略号在人为操控下撞向木星，结束了任务。

2007年，美国国家航空航天局（NASA）的新视野号探测器飞掠木星，前往冥王星和更远的地方。在那次短暂的访问中，新视野号拍摄到了木星两极附近的闪电。

2011年，美国国家航空航天局（NASA）向木星发射了朱诺号探测器，它于2016年开始绕木星运行，并继续研究这颗行星，了解更多关于它的构成和形成的信息。

朱诺号探测器在木星轨道上飞行

土星上的卡西尼号

1997年，美国国家航空航天局（NASA）发射了一艘名为卡西尼号的探测器，该探测器包括一个由欧洲空间局（ESA）建造的名为惠更斯号的小探测器，其任务是研究土星、土星环和土星较大的卫星。

卡西尼号于2004年进入土星轨道。2004年12月25日，卡西尼号释放了惠更斯号，这个小型探测器在土星的卫星土卫六雾气缭绕的大气层中空降。惠更斯号飘到土卫六表面花了两个多小时，在这期间它分析了大气的化学物质，记录了土卫六的声音，并测量了风速。它还拍摄了土卫六表面湖泊和河床的照片，最终降落在土卫六由沙粒状冰粒组成的潮湿的表面上。

● 下图是对惠更斯号探测器伞降穿过土卫六大气层的描绘。

与此同时，卡西尼号探测器观测了土星环。2006年，图像显示其中一个外环上有缺口。这些缝隙似乎是由一种叫作"小卫星"的小天体造成的。小卫星支持了一种理论，即土星环是由一个更大的，差不多月球大小的天体分裂形成的。

到2017年，卡西尼号的燃料几乎耗尽。任务控制人员设定卡西尼号于2017年9月撞入土星大气层自我毁灭，这样做是为了保证探测器不会撞上土星的卫星。

在土星前面的卡西尼号探测器

新视野号

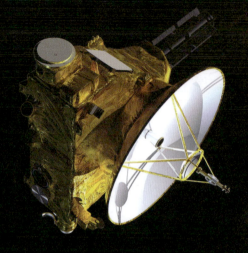

自从冥王星在1930年被发现以来,天文学家只能通过从地面和空间望远镜拍摄的照片中,将冥王星作为一个昏暗的、模糊的点来研究。但随着美国国家航空航天局(NASA)2006年发射了新视野号探测器,这一切都改变了。

新视野号探测器于2015年飞掠冥王星,这次任务的主要目标是探索冥王星及其巨大的卫星冥卫一。这是天文学家第一次看到这个遥远天体的清晰图像。

之后新视野号继续探索柯伊伯带——一个由冰冷的天体构成的带状区域,大部分位于海王星轨道之外。

新视野号探测器在矮行星冥王星前面

天涯海角

2019年，新视野号探测器飞过并近距离观测了编号为2014 MU69的小天体。科学家将其命名为"天涯海角"，它的直径不到45千米，其轨道距离冥王星大约15亿千米。"天涯海角"是从地球发射的空间探测器能够直接观测到的最遥远的太阳系小天体。

太阳探测器

最早用于研究太阳的**探测器**是20世纪40年代发射到地球大气层以上的火箭，这些火箭收集了来自太阳的X射线和紫外线的信息。

20世纪60年代，天文学家利用人造地球卫星来**研究太阳风**（来自太阳的粒子流）。

2020年，美国国家航空航天局（NASA）和欧洲空间局（ESA）发射了**环日轨道器**。该探测器旨在直接飞掠太阳并获得太阳极地地区的详细图像。

欧洲空间局（ESA）于1995年发射的太阳和日球层探测器（SOHO）研究了**太阳的内部**、大气层和太阳风。

2001年，美国国家航空航天局（NASA）的起源号探测器收集了太阳风的样本，但在2004年**起源号返回地球时坠毁**了。尽管如此，科学家们还是保存了一些样本。

2006年，日本日出号和美国国家航空航天局（NASA）的日地关系天文台卫星开始收集关于太阳爆发和太阳磁场的信息。日地关系天文台卫星是一**对空间探测器**，2015年，它的两个探测器在太阳的远面相遇。

中国于2021年成功发射"羲和号"太阳探测科学技术试验卫星，该卫星实现了国际首次太阳Hα波段光谱成像的空间探测，填补了太阳爆发源区高质量观测数据的空白。

"靠近"太阳

2018年，美国国家航空航天局（NASA）发射了帕克号太阳探测器，这个探测器将飞到距离太阳表面620万千米的范围内。2021年，探测器首次穿越了太阳的日冕（最外层大气）——它触碰到了太阳！

探测器上有4个专门用来研究太阳风的仪器，在最大限度地接近太阳时，探测器面向太阳的部分将升温到约1 400°C，但是探测器的内部将保持温度不变！

在执行任务期间，帕克号太阳探测器将在金星周围使用7次引力弹弓来加快速度。

在最接近太阳的地方，帕克号太阳探测器将以近692 017千米/时的速度绕太阳运行！这样的速度足以在3分钟内环游世界，人类从未发射过运行速度如此之快的探测器。

帕克号太阳探测器在对太阳进行观测。

45

小行星探测器

太阳系里不是只有行星,在围绕太阳运行的轨道上,有数百万个被称为小行星的小天体。科学家们想要研究小行星是因为它们是由太阳系形成时的剩余物质组成的,可以帮助人们研究太阳系早期是如何形成的。

美国国家航空航天局(NASA)的近地小行星交会探测器在1997年研究了小行星玛蒂尔德星,在2000年研究了小行星爱神星。2007年,美国国家航空航天局(NASA)发射了黎明号探测器来研究灶神星和谷神星,这是小行星主带中最大的两个天体。黎明号在2012年绘制了灶神星表面的地图,在2015年绘制了谷神星表面的地图。

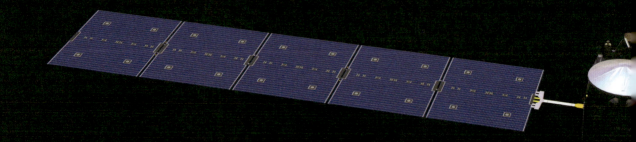

黎明号探测器进入谷神星轨道。谷神星是小行星主带中最大的小行星。

2005年，日本的隼鸟号探测器访问了小行星25143（又名"糸川"；Itokawa）。尽管它的几个系统出现了故障，但该探测器仍传输了小行星的详细图片，并在其表面着陆。2010年，隼鸟号将该小行星表面的物质样本带回地球供科学家进行分析。

2014年，日本发射了隼鸟2号探测器。2019年，该探测器在距离地球约30亿千米的龙宫小行星上着陆。

隼鸟2号收集了该小行星的样本，并于2020年12月返回地球供科学家进行研究。

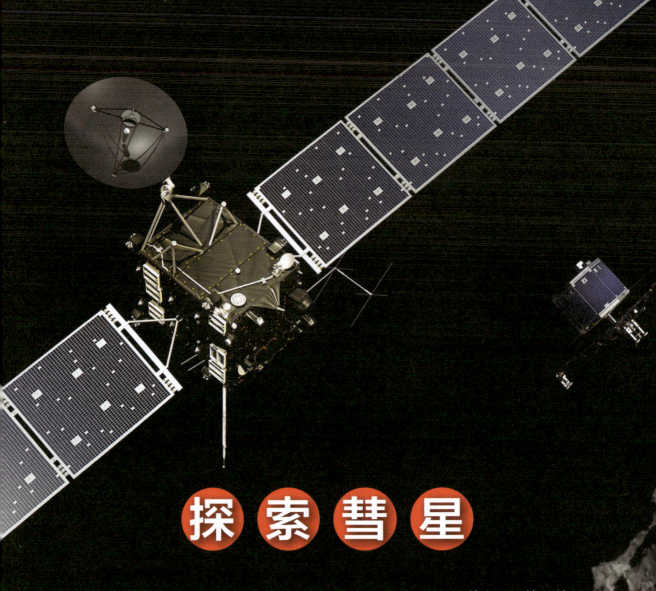

探索彗星

　　探索太阳系并不局限于行星和卫星，科学家们也对彗星感兴趣。这些由冰和尘埃组成的天体通常被认为是外行星形成时遗留下来的。

　　2004年，美国国家航空航天局（NASA）的星尘号探测器飞过了怀尔德2号彗星，收集了彗星核心周围的尘埃和气体样本。星尘号探测器的样本显示这些物质是在离太阳更近的地方形成的，而不是在外行星上。

　　2005年，当坦普尔1号彗星接近太阳的时候，美国国家航空航天局（NASA）将深度撞击号飞行器发射到该彗星附近。飞行器由两个探测器组成：一个撞击器和一个飞掠器。当年7月，撞击器撞上了彗星，并形成了一个大陨石坑，撞击器在撞击彗星之前拍下了它的照片，而更大的飞掠器也在撞击发生时拍下了照片。这次撞击有助于揭示彗星的物质构成。

2010年，美国国家航空航天局（NASA）使用深度撞击号飞掠器探索哈特利2号彗星。2011年，星尘号探测器执行坦普尔彗星新探索任务时飞行到距离坦普尔1号大约160千米的地方。星尘号拍摄了深度撞击号撞击器在2005年与彗星相撞的地点。

2014年，欧洲空间局（ESA）的罗塞塔探测器进入了67P/丘留莫夫－格拉西缅科彗星的轨道附近。罗塞塔发射了一个名为"菲莱"的小型着陆器降落在彗星表面。罗塞塔号在2016年结束任务，并在与彗星相撞的前几秒钟发回了彗星的图像。

欧洲空间局（ESA）的罗塞塔号探测器（最左边）和菲莱号着陆器在67P/丘留莫夫－格拉西缅科彗星上方。

人类重返太空

将人类送回月球甚至送到火星的新任务正在计划中，这些任务面临众多挑战，包括确保航天员在太空中的安全生活与工作条件。

航天器必须为航天员提供生存必需品，如饮用水和可供呼吸的空气。航天员在航天器上的饮食需易于准备和保存。

航天器还应配备有温控系统，以维持舱内的适宜温度。航天器内设有特制的厕所，用于收集航天员的排泄物，而垃圾则经过特殊处理，或被丢弃于舱外，或带回地球。

航天员在太空中保持清洁通常依赖于湿毛巾，尽管部分空间站已配备淋浴设施。在睡眠方面，他们通常使用固定在睡袋上的垫子和枕头，但许多航天员更喜欢在失重状态下自由地睡觉，只需用带子固定以防止在舱内随意飘动。为了免受通过窗户射入的阳光干扰，一些航天员还会选择戴上眼罩。

● 美国国家航空航天局（NASA）设计了猎户座号宇宙飞船，旨在将人类探险者带到比以往任何航天器所到达的地方都更远的太空。

微重力与太空旅行

航天员在宇宙飞船内常被捕捉到飘着的状态，这种现象通常被称为零重力或失重。实际上，零重力是一种微重力状态，即重力非常微弱。

在太空飞行中，这种微重力环境对航天员的身体和航天器都有一定的影响。人的身体在微重力的影响下会经历多种变化，例如，在太空任务初期，约有一半的航天员会遇到所谓的"太空病"，他们可能会感到方向感混乱，无论朝哪个方向移动都感觉是颠倒的，有时甚至会出现恶心和呕吐的症状。

微重力同样对航天器的运作产生显著影响，例如，在微重力状态下，燃料不会因重力作用而从油箱中流出，因此需要利用高压气体将其推出。此外，由于热空气不会像在地球上那样自然上升，航天器内必须使用风扇来促进空气流通。

在太空中，航天员可以倒着吃东西，或者至少相对于宇宙飞船是上下颠倒的。这是因为在太空中，没有真正的"上"或者"下"！

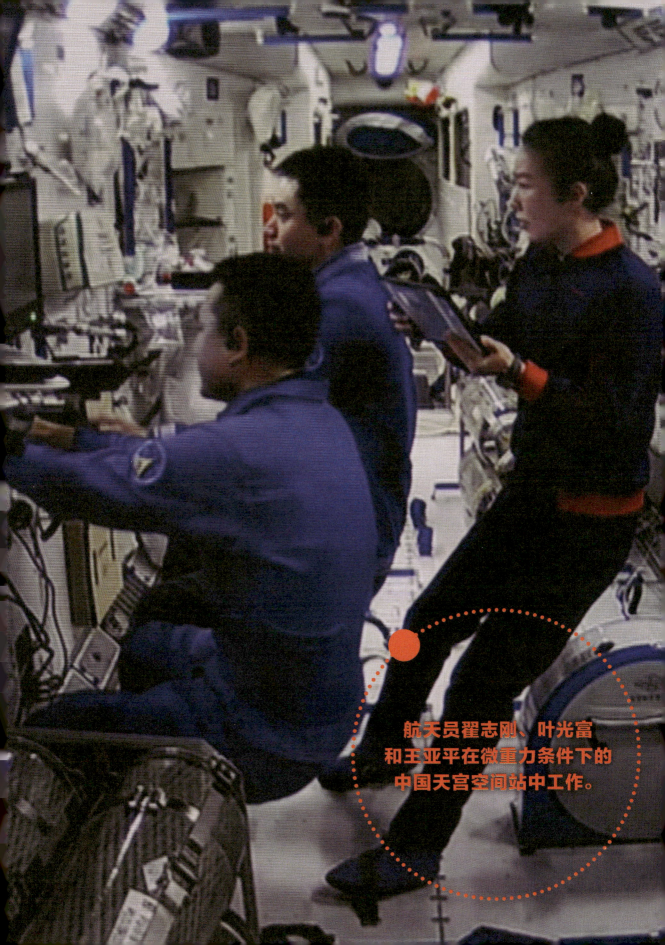

航天员翟志刚、叶光富和王亚平在微重力条件下的中国天宫空间站中工作。

美国航天员斯科特·凯利在国际空间站给自己注射流感疫苗,以研究人类的免疫系统。

太空旅行对人体的影响

若执行载人火星任务意味着航天员必须在微重力环境下生活几个月的时间,在执行此类任务之前,科学家们需要了解长期在这种微重力条件下人体会受到什么影响。

从2015年到2016年,美国航天员斯科特·凯利在国际空间站的微重力环境中生活了一年,科学家们对其在太空中身体发生的变化很感兴趣。

斯科特·凯利的同卵双胞胎兄弟航天员马克·凯利在斯科特·凯利执行任务期间留在地球上,科学家们可以将他和在太空生活一年后的哥哥进行比较。他们发现斯科特在太空中变高了大约5厘米,但他的体重下降了。然而,斯科特一回到地球,他的身体很快就恢复了原来的高度。

科学家们还发现,与马克相比,斯科特在太空生活一年后,其骨骼、免疫系统和视力等都发生了变化。他们在斯科特身上观察到的许多变化似乎是永久性的。

美国航天员埃里克·博伊和苏妮·威廉姆斯（右页图）穿着波音公司的新航天服，该航天服是为乘坐CST-100星际飞船太空舱的航天员设计的。

穿上航天服

航天员在执行任务时会穿着特殊的航天服，这套衣服有很多层，可以防止航天员太热或太冷。在太空中行走时，背包中的设备可以为航天员提供呼吸的氧气；头盔可以阻挡来自太阳和宇宙中的有害射线；薄而有弹性的手套使航天员能够感受到小物件并灵活地操作。航天员与机组人员可以和任务人员通过无线电进行沟通。

2017年，美国波音公司推出了一种新设计的航天服，航天员将在该公司提供的星际飞船太空舱内穿着这套航天服。太空舱将往返于低轨道目的地，如国际空间站。这款亮蓝色的航天服更小、更轻，可以让航天员更凉快。

航天服上有触摸屏感应手套，可以让航天员与太空舱内的平板电脑进行互动；还有一种通信耳机可以帮助航天员与地面和太空的工作人员沟通；靴子设计得像交叉训练运动鞋那样，透气而且防滑。

登上月球以及更远的地方

21世纪初，美国国家航空航天局（NASA）开始开发猎户座号宇宙飞船，这是一种太空舱形状的航天器，旨在将人类探险者带到比以往任何航天器所到达的地方都更远的太空。该航天器计划将航天员送往绕地球轨道运行的国际空间站，并最终前往月球和火星。

设计猎户座号的目的是支持航天员长期在深空执行任务，并安全返回地球。航天员乘坐的猎户座号载人飞船将由一种名为"太空发射系统"的强大的新型重型火箭发射到太空。

2014年，猎户座号飞船的首次无人驾驶试飞成功，它是利用德尔塔四号火箭发射的。另一个名为"阿尔忒弥斯"的探月计划旨在利用猎户座号飞船将第一位女性航天员和下一位男性航天员送上月球。

太空发射系统（SLS）从地球起飞，SLS是为正在计划中的火星太空任务而建造的超强运载火箭系统。

词汇表

大气 行星或其他天体周围的大量气体。

辐射 以波或物质微粒的形式向外释放能量。

轨道 较小的天体在引力作用下围绕较大的天体运行的路径。例如，行星绕太阳运行的路径。

核 行星、卫星或恒星内部的中心区域。

彗星 围绕太阳运行的由尘埃和冰组成的小天体。

火箭 一种利用反作用力原理来推进的飞行器，通过向后喷射高速气体来产生向前的推力。

甲烷 由碳和氢元素构成的有机化合物，是天然气的主要成分。

卡门线 距地球表面约100千米的高度（从海平面算起）。这一高度是被国际认可的外太空与地球大气的分界线。

柯伊伯带 在海王星以外的外太阳系中运行的大量冰质天体组成的带状区域。科学家们认为，很多彗星是来自柯伊伯带的天体。

矿物 在岩石中自然形成的物质，如锡、盐或硫。

水冰 科学家们用来描述冰冻的水，以区别于由其他化学物质形成的冰。

太空舱 航天器的一部分，可以作为一个整体使用或弹出。

太阳系 以太阳为中心并受其引力影响使周边天体维持一定的规律运行形成的天体系统。

探测器 用于探索太空的无人驾驶设备，大多数探测器会将数据信息从太空传回地球。

天文学家 研究太空中恒星、行星和其他天体或空间力学的科学家。

望远镜 一种使远处的物体看起来更近、更大的仪器。简单的望远镜通常由一组透镜组成，但有时镜筒中有一个或多个反射镜。

微生物 一种活的有机体，小到需要用显微镜才能看到。

微重力 重力极低的状态，尤指接近失重状态。

卫星 太空中围绕另一天体（如行星）运行的人造或自然天体。人类发射人造卫星用于通信或研究地球和太空中的其他天体。

小行星 小行星是太阳系内围绕太阳运行的一类由岩石、金属或其他物质构成的小天体。

行星 围绕恒星（在太阳系内是太阳）运行的天体，它们具有足够大的质量以通过自身引力达到近似球体的形状，并且在围绕恒星运行的过程中能够清除其轨道附近区域的其他物体。

引力 由具有质量的物体之间的相互吸引作用产生的力。

陨石 来自外太空有质量的石头或金属，已经到达行星或卫星的表面，并没有在该天体的大气层中燃烧殆尽。

陨石坑 行星或其他天体表面由较大天体撞击而形成的碗状凹陷。

运载火箭 运送卫星或宇宙飞船进入太空的火箭。

着陆器 为着陆而不是绕轨道运行而设计的航天器。

趣味问答

1. 大多数科学家将地球表面上方约100千米的假想边界_____视为外太空的起点。

2. _____是一种发射到太空中收集数据并通过无线电传回地球的无人驾驶飞行器。

3. 第一个发射空间探测器的国家是？

4. 苏联的第一艘载人飞行器是？

5. 美国登月的太空计划是？

6. 第一个被空间探测器拜访的行星是？

7. 目前人类对哪颗行星的探索任务最多？

8. _____探测器是美国航空航天局发射的第一个到达木星的探测器，也是第一个穿过小行星主带的探测器。

9. 没有哪个空间探测器能比美国航空航天局的_____任务访问的行星更多，它的两个探测器是首先到达星际空间的。

10. 2021年，中国首个火星车_____开始探索火星表面。

11. 1989年，美国航空航天局的伽利略号探测器成为第一个环绕太阳系的带外行星运行的探测器，2011年，美国航空航天局向行星_____发射了朱诺号探测器。

12. 2021年，美国航空航天局的_____成为第一个穿过太阳日冕、接触太阳的探测器。

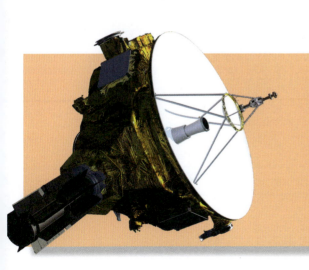

答案：
1. 卡门线　2. 探测器　3. 苏联　4. 东方1号　5. 阿波罗计划　6. 金星　7. 火星　8. 水瓶座10号　9. 旅行者号　10. 祝融号　11. 木星　12. 帕克太阳探测器

未经许可，不得以任何方式复制或抄袭本书之部分或全部内容。
版权所有，侵权必究。

 感谢World Book对本书的图文支持。

图书在版编目（CIP）数据

这里是太阳系. 太空探索 / 世图汇编著. -- 北京：
电子工业出版社, 2024. 8. -- ISBN 978-7-121-48532-9
Ⅰ. P18-49
中国国家版本馆CIP数据核字第2024HR4562号

责任编辑：董子晔
印　　刷：天津裕同印刷有限公司
装　　订：天津裕同印刷有限公司
出版发行：电子工业出版社
　　　　　北京市海淀区万寿路173信箱　邮编：100036
开　　本：889×1194　1/16　印张：40　字数：665千字
版　　次：2024年8月第1版
印　　次：2024年8月第1次印刷
定　　价：200.00元（全10册）

凡所购买电子工业出版社图书有缺损问题，请向购买书店调换。若书店售缺，请与本社发行
部联系，联系及邮购电话：（010）88254888，88258888。
质量投诉请发邮件至zlts@phei.com.cn，盗版侵权举报请发邮件至dbqq@phei.com.cn。
本书咨询联系方式：（010）88254161转1865，dongzy@phei.com.cn。

OUR SOLAR SYSTEM

这里是太阳系

JUPITER AND S

世图汇 编著　刘蓉 审

木星和土星

气态巨行星

电子工业出版社
Publishing House of Electronics Industry
北京·BEIJING

目录

- 4 木星：行星之王
- 6 太阳系的第五颗行星
- 8 条纹与漩涡
- 10 气体的世界
- 12 木星和地球的对比
- 14 木星的天气
- 16 木星的大红斑
- 18 木星上的一年和一天
- 20 木星的内部
- 22 木星的卫星
- 25 伽利略卫星
- 26 木卫一
- 28 木卫二
- 31 木星有环
- 32 探索木星
- 34 木星上会有生命吗

土星

36	美丽的土星	**52**	土星消失的环
38	土星的重要信息	**54**	土星的卫星
40	土星和地球的对比	**56**	神秘的土卫六
42	土星的结构	**58**	土卫二
45	土星的大气	**60**	词汇表
46	土星的怪异天气	**62**	趣味问答
48	探索土星		
50	土星环		

※天文学家利用多种类型的照片来探究行星等宇宙天体。其中许多照片展现了这些天体的自然色彩，而有些则通过添加假色或展示人眼不可见的光谱来呈现。此外，人们还会根据已有的知识，借助想象力对这些天体进行艺术描绘。

木星：行星之王

壮丽的木星是行星之王，是太阳系中最大的行星，也是我们在夜空中观测到的最亮的天体之一。因为太显眼了，所以木星以古罗马神话中众神之王和宇宙统治者的名字命名，即Jupiter（朱庇特），也被称为Jove。

天文学家把太阳系中最大的4颗行星——木星、土星、天王星和海王星称为气态巨行星。以此命名是有充分原因的，这些行星都是主要由气体组成的巨大行星。

至少几十颗卫星和4个微弱的光环环绕着木星，天文学家有时将木星及其卫星和光环称为木星系。

与它的邻居相比，木星的质量最大。质量是指物体所含物质的量。木星的质量约是所有其他行星**质量总和的两倍**！

这张令人惊叹的照片展示了木星上的美丽条纹和漩涡。

太阳系的第五颗行星

在太阳系中,**木星是距离地球最近的一颗外行星**,其他的外行星是土星、天王星和海王星。

木星与太阳的距离随时间在变化，因为木星的运行轨道是椭圆形的。

平均而言，木星的轨道距离太阳约7.79亿千米，**在火星与土星的绕日轨道之间。**

木星离地球真的很远！两颗行星之间相距最近时也有约5.89亿千米，但它在夜空中很容易被看到。

木星最初形成时与太阳的距离比现在更近！它曾经可能运动到距离太阳更近的位置，但在大约40亿年前螺旋式地回到了如今的位置。

光从太阳到达木星需要将近44分钟。

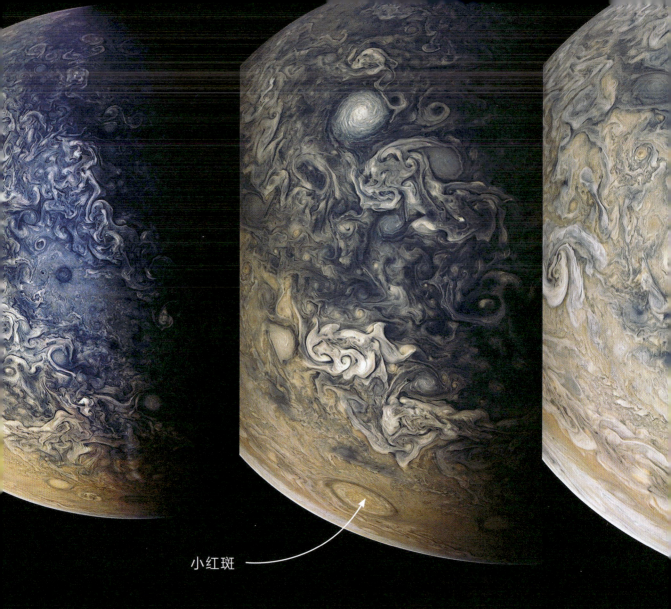

小红斑

条纹与漩涡

木星最明显的特征是呈现出宽阔的明暗变化的云层条纹,颜色范围从橙棕色到蓝白色。木星的大气也有许多漩涡或看起来呈环形的地方,在南半球旋转着一个比地球还大的巨大红斑,科学家们把它叫作大红斑(第 16 页)。

大红斑是一场已经肆虐了数百年的巨大风暴。21世纪初,木星上的三个风暴合并成了一个大漩涡,这个新斑点现在被称为小红斑。

从一系列在太空拍摄的图像中，我们可以看到木星上引人注目的云层图案。在第二张和第三张图片的底部可以看到被称为小红斑的风暴。

气体的世界

外层大部分是氢气

液态金属氢

核

作为一颗气态巨行星，木星没有地球那样的固体表面，它是一个巨大的气体球。

木星的外层主要是由氢气云构成的，其中还含有少量的氦及一些其他的化学元素。木星大气中的大部分元素会结合成水分子和氨分子。

云层下方是一层液态氢，上层的巨大压力导致这里的氢原子挤在一起变成了液体。在云层下约10 000千米处，液态氢转变成液态金属氢——这种不寻常的氢形态在地球上并不存在。

木星呈现出色彩斑斓的带状外观，主要是因为云中含有氨冰粒和其他化学物质。天文学家们还认为木星的中心可能有一个坚固的核。

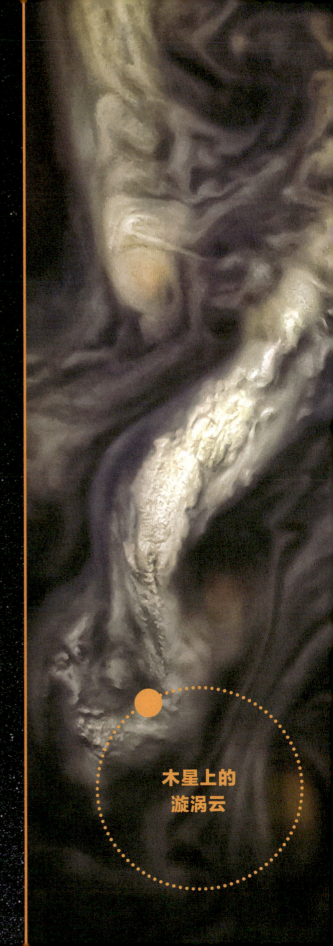

木星上的漩涡云

木星和地球的对比

木星一天的长度约是 **9小时55分钟**。

木星的密度非常低,因为它主要由**两种最轻的元素氢气和氦气**构成。地球是一颗岩石行星,主要由较重的物质构成。

木星的质量是地球的质量的**数百倍**,但它的平均密度远低于地球。事实上,木星的密度只比地球上的液态水高一点。

109

因为木星的质量比地球大得多，所以它的引力也比地球的引力强很多。木星的引力大约是地球引力的 **2.5倍**。如果一个人在地球上重45千克，那么他在木星上重约109千克。

木星的直径（横跨的距离）大约是地球直径的 **11倍**！它的赤道直径约为142 984千米，因此占据的空间非常大。假如木星是空心的，那么它的里面可以容纳1 300多个地球！

目前已知木星至少有 **79** 颗卫星，而且数量还在增加！

木星的天气

关于木星云层顶端的描绘

木星上总是多云多风的天气。木星上的风一直在吹，赤道附近的风速可以达到约每小时650千米，几乎是地球上最具破坏性的飓风的速度两倍。木星大气中的闪电比地球上的闪电强大很多。

木星上的温度因高度和位置的不同而有很大差异。在木星的云层顶端附近，温度大约为-149°C。相比之下，木星的核心温度可能高达24 000°C——这比太阳表面还热！

科学家们认为巨大的温差为木星上的风的形成提供了动力,并且从太空中可以看到这个过程。木星上的浅色云带是温度较高的区域,云和气体在这里上升;深色的云带是较冷的区域,云和气体在这里下沉。

这张图片是从太空拍摄的木星南半球,椭圆形的结构是巨大的风暴,长约1 000千米。

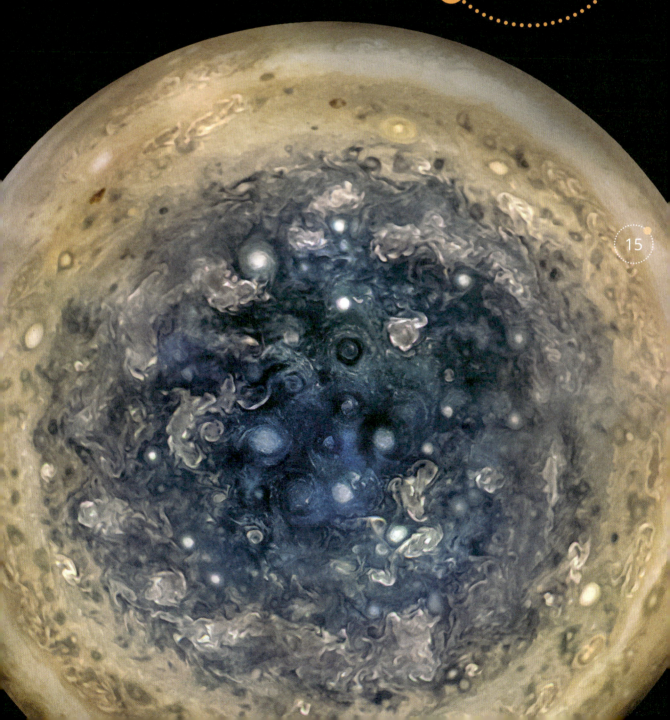

木星的大红斑

木星的大红斑其实是一场已经肆虐几百年的巨大风暴!

至少从1831年开始,人们就可以从地球上看到它。但天文学家们多年来观察到,大红斑正在缓慢缩小。有一天,它有可能会彻底消失!

大红斑的宽度比地球的直径还要大!

木星的大红斑非常大,在地球上用望远镜就可以看到。

17

木星上的一年和一天

木星绕太阳运行一周所需的时间很长。因为木星离太阳很远，它绕太阳公转一周需要将近12个地球年。因此，木星上的一年约等于地球上的12年！

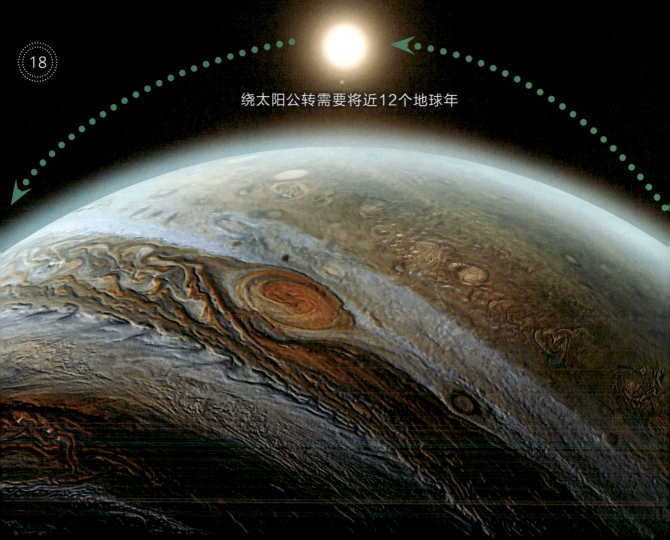

绕太阳公转需要将近12个地球年

行星的磁场

木星核心的金属氢使得这颗行星拥有太阳系中最强的磁场。这个磁场在木星周围形成了一个危险的辐射带，可能会对靠近的探测器产生损坏。

虽然木星的一年可能很长，但是在太阳系的所有行星中，它的一天是最短的！地球大约每24小时绕其自转轴旋转一周，但木星自转的速度要快得多，它的一天还不到10小时。

由于木星自转速度非常快，所以这颗行星的形状并不是完美的球形——沿赤道略微凸起。

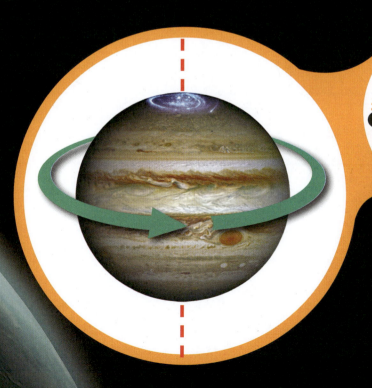

当高能粒子进入磁场两极附近的大气层并与气体原子碰撞时，木星会产生极光—夜晚天空中出现的五颜六色的光辉。

木星的内部

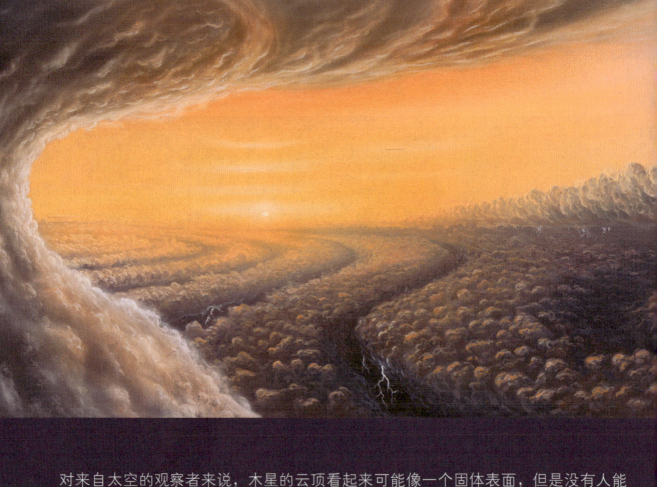

对来自太空的观察者来说，木星的云顶看起来可能像一个固体表面，但是没有人能站在上面。虽然木星的大气层很厚，但云和气体的厚度不足以支撑人站在它们的上面。如果木星真的有固体表面，那里将会非常寒冷且有很大的风。

木星从太阳获得的热量没有地球那么多。然而，木星辐射（释放）的热量几乎是它从太阳吸收的热量的两倍。科学家们认为，其中一些热量是木星形成时遗留下来的，另一些热量可能来自木星在引力作用下缓慢收缩时所产生的。

在对木星大气云顶的描绘中，可以看到闪电，并且在天空中还可以看到两颗木星的卫星。

木星的卫星

目前已知木星至少有79颗卫星！它们的大小、颜色、大气和密度都有很大差异。

木星的53颗卫星都已有名字——多来自古希腊或古罗马神话。大多数卫星的直径约为16千米至167千米。

天文学家们一直在寻找其他围绕木星运行的小卫星，其中一些小卫星的直径可能小于两千米，这些小卫星在被确认之前都没有名字。科学家们认为木星最小的卫星尚未被发现。

因为有这么多卫星围绕着木星运行,所以天文学家有时会将木星及其卫星们描述成一个"迷你的太阳系"!

木星的3颗卫星——木卫一、木卫三和木卫四,它们都比地球的卫星大。

这张木星系的"全家福"图片展示了木星的边缘和木星4颗最大的卫星——伽利略卫星。

木卫一

木卫二

木卫三

木卫四

伽利略卫星

木星的4颗卫星是如此之大,以至于观测者从地球上使用简单的望远镜就可以看到它们。这些卫星被命名为Io(木卫一艾奥)、Europa(木卫二欧罗巴)、Ganymeda(木卫三甘尼米德)和Calliso(木卫四卡利斯托)。它们也被称为伽利略卫星,因为意大利天文学家伽利略于1610年首次观测到这些卫星。

木卫三是木星最大的卫星,也是太阳系中最大的卫星——比作为行星的水星还大。木卫四是距离木星最远的伽利略卫星,几乎完全被陨石坑覆盖。

除了伽利略卫星,木星的其他卫星被分为两组,称为内卫星和外卫星。内卫星比伽利略卫星离木星更近,外卫星比伽利略卫星离木星更远。

发现除了地球还有另一颗行星有绕其运行的卫星,这一事实帮助伽利略和其他人相信地球不是宇宙的中心。

木卫一

木卫一的火山活动比太阳系中其他任何卫星或行星（包括地球）都多。木卫一的表面大部分被从这些火山中喷出的硫化物覆盖着。

伽利略号探测器拍摄的木卫一

当木卫一运行在环绕木星的轨道上时，木星这颗气态巨行星强大的引力导致木卫一的固体表面涨落约100米。这种持续的弯曲会产生热量，为木卫一的火山提供能量，火山喷出的硫化物和其他物质都覆盖在这颗卫星表面。

在太空中可以看到木卫一上的火山喷发！

木卫二

木卫二的表面主要是水冰，上面有许多裂缝、山谷和山脊。许多科学家认为，在这颗卫星的冰壳之下，存在着液态水或者水冰构成的深海。

科学家们认为木卫二是太阳系中为数不多的可能孕育生命的地方之一。如果木卫二表面下的海洋中确实存在生物，那么它们很可能与地球上的生物大不相同。新的空间探测器冰月号来探测木卫二，看看那里是否存在生命！

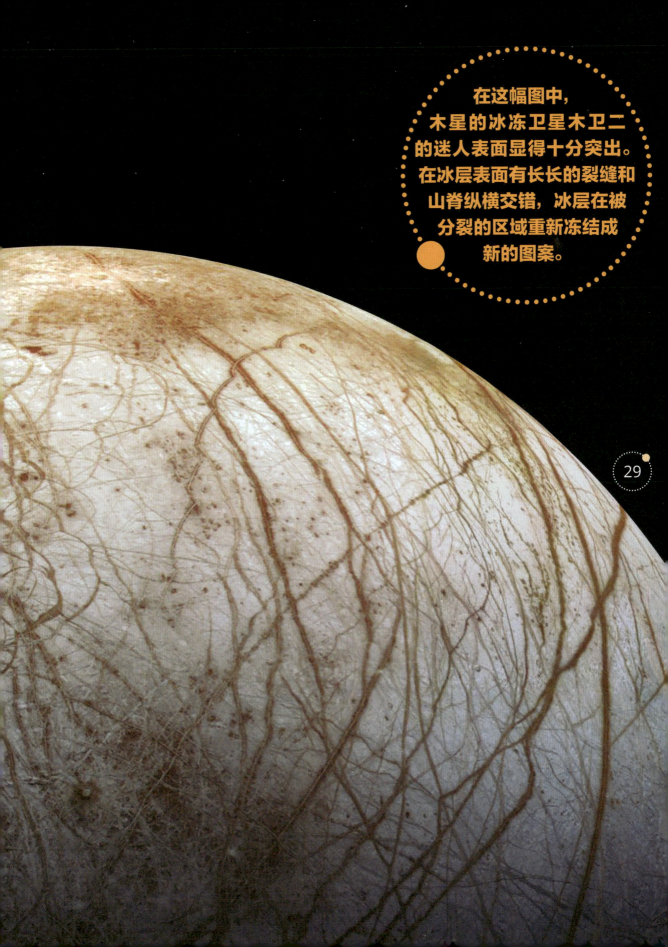

在这幅图中,木星的冰冻卫星木卫二的迷人表面显得十分突出。在冰层表面有长长的裂缝和山脊纵横交错,冰层在被分裂的区域重新冻结成新的图案。

木星附近的旅行者号空间探测器

木星有环

直到1979年，天文学家才发现木星有环。那一年，来自地球的两个空间探测器旅行者1号和旅行者2号飞掠了木星。在飞掠期间，旅行者号探测器拍摄的照片显示木星至少有两个环。

另一个探测器在20世纪90年代拍摄的照片证实了木星有4个暗环，整体来看，木星环比土星环暗得多。

木星最亮的环被称为主环，一个较暗的环被称为哈洛环，两个更暗的环被称为薄纱环。

尘埃

天文学家认为木星环主要由微小的尘埃组成。这些尘埃可能是木星的内卫星被流星体撞击时从卫星表面脱落的物质。木星的4颗内卫星的引力作用会对木星环的边缘形态产生影响。

探索木星

1973年，美国国家航空航天局（NASA）发射了**先驱者10号**探测器，它成为第一个飞掠木星的探测器。1974年，**先驱者11号**探测器探测了木星和土星。这些探测器发回了有关木星大气层、引力和磁场等的信息。

1979年，美国的**旅行者1号**和**旅行者2号**探测器飞掠木星，对木星的大气进行了研究，并发现了木星的环，此外，它们还对木星的众多卫星进行了拍摄。

古代的天文学家早已观测到木星，这颗明亮的行星在地球上肉眼可见。现代天文学家继续利用先进的望远镜深入研究木星，并且已经发射了空间探测器以进一步探索这颗气态巨行星。

美国的**伽利略号**探测器于1995年到达木星附近，成为第一个绕木星运行的探测器。伽利略号还释放了第一台对木星的大气进行采样的仪器。

美国的**朱诺号**探测器于2011年发射升空，2016年抵达环绕木星的轨道。朱诺号研究了木星的大气，详细测量了它的磁场和引力场，揭示了这颗行星的内部结构。

木星上会有生命吗

木星是一个由气体构成的巨大行星，它并没有坚硬的表面。科学家普遍认为，木星上的环境不适宜我们所知的生命形式存在。然而，木星的一些卫星，如木卫二和木卫三，可能具备支持生命的条件。木卫二的冰层之下被认为隐藏着一片广阔的液态水海洋，而木卫三的冰壳下也可能蕴藏着水资源，水的存在为生命的孕育提供了可能性。

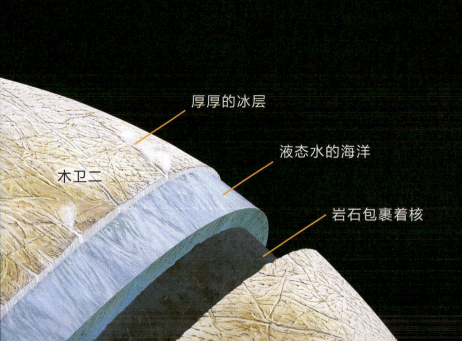

木卫二
厚厚的冰层
液态水的海洋
岩石包裹着核

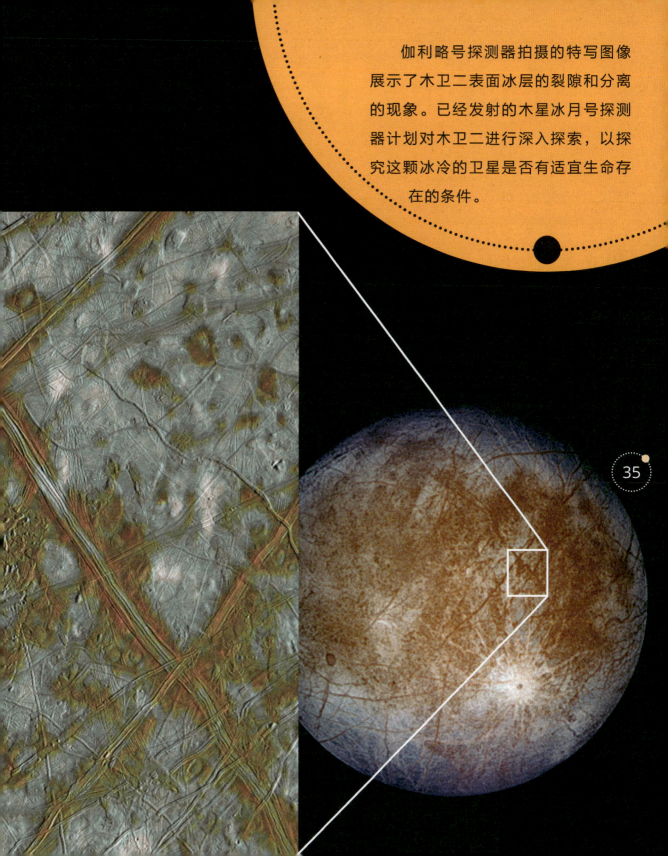

伽利略号探测器拍摄的特写图像展示了木卫二表面冰层的裂隙和分离的现象。已经发射的木星冰月号探测器计划对木卫二进行深入探索,以探究这颗冰冷的卫星是否有适宜生命存在的条件。

美丽的土星

许多天文学家认为土星是太阳系中最美丽的天体,这颗行星的绰号是"太阳系的宝石"。

土星,作为太阳系中的第六颗行星,位于木星轨道之外,围绕太阳旋转。与木星相似,土星同样是一颗气态巨行星,不具备固体表面。

自古以来，土星便为世人所知。这颗行星，即便除去其壮丽的光环，也能在无望远镜辅助的情况下被人们用肉眼观测到。古罗马人将其命名为Saturn，以纪念他们的农业之神。在古罗马的神话故事中，Saturn（土星）正是Jupiter（木星）之父。

土星的独特之处在于其庞大且迷人的环系统。尽管木星、天王星和海王星也拥有环，但土星环的壮丽景色无出其右。对于热衷夜空观测的爱好者而言，仅需借助简易的望远镜，便能领略到土星光环的宏伟壮丽。

土星的重要信息

土星绕自转轴旋转的速度比地球快得多。土星的一天只有约**10小时33分钟**,这比地球上的半天还短。

土星的一年大约等于29.5个地球年,这是因为土星比地球离太阳远得多,因此需要更长的时间才能绕太阳转一周。

土星的自转速度如此之快,导致其南北极被压扁,而赤道处则膨胀。因此,土星的赤道直径比两极之间的直径大约宽11 800千米。相比之下,在地球上,这两个直径的差别微乎其微。

木星是距离土星最近的行星,尽管如此,两者之间的距离依然相当遥远。实际上,**整个内太阳系的跨度加起来,也比不过土星和木星轨道之间的距离。**

在太阳系的行星中,**土星是体积庞大的巨行星。**土星的赤道直径约为120 536千米,仅木星的体积在其之上。

土星围绕太阳运行的轨道是椭圆形的。土星与太阳的距离随时间变化,但平均而言,土星绕太阳运行的距离约为14亿千米。

土星和地球的对比

土星自转轴的倾角约为26.73°，这与地球约23.5°的倾斜角度相似。因此，与地球一样，**土星也经历季节的更迭。**

地球是太阳系中密度最大的行星，而土星是密度最小的行星，一个物体在地球上会比在土星上重约**8倍**。

土星与太阳之间的距离几乎是地球与太阳之间距离的**10倍**。光从太阳到达土星几乎需要84分钟！

在地球上，太阳呈现为一个巨大的发光球体，在白天照亮我们的地球。然而，从土星上观察，**太阳看起来非常像一颗明亮的星星。**

土星是一个巨大的气体和液体构成的星球。相比之下，地球显得较小，且主要由固体物质组成。土星的直径大约是地球直径的 **10倍**。

古代天文学家曾认为，**土星**是当时已知距离地球最远的行星。

土星的结构

与木星一样,土星也是一颗气态巨行星,主要由氢气和氦气构成。土星并没有真正的固体表面,而是有一个气体外层。

从土星的气体外层向内深入,巨大的压力使得氢气和氦气变得黏稠,类似于糖浆。继续深入,氢气在高压作用下转变为液态,这种液态氢在某些特性上类似于金属,因此被称作液态金属氢。

核　液态金属氢层　　氢气和氦气层

土星的内核由金属铁和镍构成，外围包裹着岩石层。

由于土星的体积小于木星，其引力作用也不如木星强烈，因此土星的气体没有被压缩到与木星相同的程度。这导致尽管两者体积相近，土星的密度却低于木星的密度。

土星以其庞大的体积被认为是一颗巨星。然而，在太阳系中，它却是唯一平均密度低于液态水的行星。由于土星主要由轻质气体组成，理论上它可以在水中漂浮。

土星的大气

土星的大气主要由氦和氢构成，其大气层的外围被云层所覆盖。这些云层呈现出黄色、棕色和灰色的细微条纹，它们犹如淡淡的彩带环绕在土星周围。这些彩带的色彩变化，似乎与气团在上升或下降过程中的不同温度和高度紧密相关。具体来说，位于高处的云层呈现亮丽的黄色，而低处的云层则呈现出较为深沉的黄色。

土星的怪异天气

美国的卡西尼号探测器拍摄到土星大气层中巨大风暴在翻腾。这场风暴是目前所有探测器在土星上观测到的最大风暴。

土星上的气候远比地球寒冷，其大气层云顶的平均温度约为 -175°C。然而，土星内部的温度却远高于云层顶部。

实际上，土星释放出的热量几乎是其从太阳接收到的热量的两倍。科学家们推测，其中的部分热量源自土星在其强大自身引力的作用下逐渐收缩（缩小）时产生的能量。

在土星的北极，存在一个异常巨大的六边形云结构。这个六边形云横跨约30 000千米，被每小时322千米的强风所环绕，中心区域有一个巨大的旋转风暴。这种独特的天气现象在太阳系中是独一无二的！

探索土星

美国国家航空航天局（NASA）开展了三个针对土星的太空任务。其中，**先驱者11号**（亦名先驱者—土星）探测器在1979年成功飞掠土星，捕捉到了当时这颗行星最为清晰的照片。

旅行者1号和**旅行者2号**，作为一对杰出的空间探测器，继先驱者11号之后再次飞掠土星。1980年，旅行者1号首次穿越土星的云层，而旅行者2号紧随其后，于1981年掠过土星。这两个探测器均成功返回了令人震撼的特写图像，不仅展现了土星的宏伟景象，还捕捉到了土星环系统的壮丽以及众多卫星的详细特征。

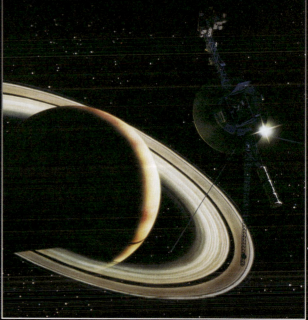

美国的**卡西尼号**探测器于1997年成功发射,并于2004年精准进入环绕土星的轨道。卡西尼号对土星进行了深入研究,不仅详细观察了土星本身,还深入探究了土星的环系统及其众多卫星。特别值得一提的是,卡西尼号携带的惠更斯号探测器,由欧洲空间局(ESA)精心打造。在降落过程中,惠更斯号勇敢地穿越了土星最大卫星泰坦(即土卫六)的稠密大气层,并在下降过程中拍摄了这颗卫星表面的珍贵图像。最终,惠更斯号成功着陆在土卫六表面,让科学家们首次目睹了这颗卫星的真实面貌。

卡西尼号探测器长期服务于太空探索事业,直至2017年,随着燃料储备的枯竭,任务控制团队果断决策,对其进行了编程,指引其在2017年9月15日毅然坠向土星大气层,实现了自我销毁。卡西尼号在土星高空云层中迅速解体,仅几秒钟便不复存在。这一决策旨在确保探测器不会成为携带来自地球微生物的潜在污染源,从而保护土星及其卫星泰坦(土卫六)和恩克拉多斯(土卫二)的纯净环境。

土星环

　　土星的赤道上方被一个宏伟的环系统所环绕,这些土星环主要由大小不一的冰块构成,从尘埃粒大小到直径超过3米的巨块。

　　这些环被认为是由彗星、小行星或破碎的卫星碎片形成,在接近土星时被其强大的引力撕碎。

美国的卡西尼号探测器飞到了土星后面,回头看向太阳,捕捉到这颗行星和地球的图像。

地球

土星拥有七个壮丽的主环,以及众多被称为小环的纤细环带。为了区分这些主环,天文学家们根据它们被发现的顺序,以字母为其命名,依次为D、C、B、A、F、G和E环。其中,A、B、C和D环均是由数以千计的小环紧密编织而成。在这些环中,A环和B环尤为明亮,它们之间被一道名为卡西尼缝的深邃黑暗缝隙隔开。

土星消失的环

如果通过望远镜夜以继日地观测土星环，你可能会感到震惊，或者至少会有些不解，因为在某个夜晚，你会突然发现这颗行星的光环竟然消失无踪了。

这正是伽利略这位意大利科学家的经历。在17世纪，他发现了我们现在所知的土星环。在观测土星时，伽利略曾目睹了这颗行星两侧出现的凸起，他初步推测这些凸起可能是卫星。然而，就在某一天的夜晚，那些"卫星"却神秘地消失了！这个谜团始终困扰着伽利略，直到他离世都未能解开其中的奥秘。

卡西尼号的窄角相机拍摄到了土星及其光环的景象，在这里几乎是从侧面看的。

现代科学家已经明白,伽利略所观察到的是土星环,并且他们理解了土星环有时不可见的原因。当土星的环面稍微朝向地球(如右图示),我们便能通过望远镜观测到土星环。

当土星与地球恰好位于同一直线上时,我们观测到的土星环便会有所不同。如果从侧面视角(如左图所示)观测,土星环仿佛融入了漆黑的太空中,难以察觉。

土星环大约每14年就会侧对地球一次。

土星的卫星

土星拥有至少82颗卫星,这一数量超过了我们太阳系中的其他任何行星,尽管其中众多卫星体积微小。更令人惊奇的是,土星还拥有数百万颗直径仅为100米左右的"迷你卫星",它们悠然地运行在土星环的轨道上。

土星的这些卫星在太阳系中堪称最奇特的天体之一。天文学家们时常被这些卫星的怪异外貌所困扰,他们正致力于解开这些卫星形成之谜,并探究它们为何呈现出如此不同寻常的形态!

土卫一有一个巨大的陨石坑,使它看起来像《星球大战》系列电影中的死星。

土卫六泰坦(上图)和土卫二恩克拉多斯(左图)是土星最引人注目的卫星。这两颗卫星都体积庞大,足以维持自己的大气层。

土卫七表面呈现一种奇特的海绵状结构。

土卫八的一侧异常昏暗,这一现象极有可能是由另一颗名为菲比(即土卫九)的卫星所吹来的尘埃沉积所致。

神秘的土卫六

土卫六是太阳系中仅次于木星的卫星木卫三的第二大卫星，其体积甚至超过了水星。与太阳系中大多数其他卫星不同，泰坦（即土卫六）拥有浓密的大气层，其密度大约是地球表面大气密度的4倍。

甲烷和乙烷是天然气中常见的化合物。许多科学家推测，泰坦的大气层可能与地球数十亿年前的大气层相似。

从太空观察,泰坦被一层烟雾般的淡红色薄雾所笼罩。这颗卫星表面飘浮着由甲烷和乙烷构成的云朵。

2004年,卡西尼号探测器揭示了泰坦上存在乙烷和甲烷的海洋,以及山脉、沙丘和会喷发水和氨的火山。

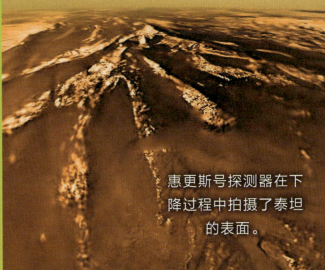

惠更斯号探测器在下降过程中拍摄了泰坦的表面。

外来入侵

2005年,惠更斯号探测器成功降落在泰坦表面,泰坦表面是一个由岩石和冰冻甲烷构成的柔软物质,标志着它成为首个着陆在地球以外行星卫星上的探测器!

对泰坦表面的描绘

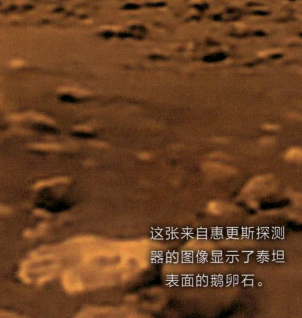

这张来自惠更斯探测器的图像显示了泰坦表面的鹅卵石。

土卫二

土卫二，以其耀眼的光芒，跻身于太阳系最璀璨的天体之列。这一光彩夺目的特质源于其冰面几乎完全反射了太阳的光芒。土卫二，又名恩克拉多斯，其冰面呈现出多样化的形态：一部分平滑如镜，而其他区域则布满了细微的裂缝。

尽管恩克拉多斯只是土星的第六大卫星，但它是天文学家们最感兴趣的卫星之一。2015年，卡西尼号空间探测器在飞掠恩克拉多斯时发现，在它冰冻的表面之下，有着全球性的液态水海洋。

对卡西尼号空间探测器飞掠恩克拉多斯时的羽状喷流的描绘

科学家们经过长期观测发现，恩克拉多斯的南极区域持续喷发出粒子流，这一过程伴随着水汽和冰从冰缝中喷射，形成了壮观的羽状喷流。这些喷流中还携带着一些有机物（含碳）分子。然而，科学家们尚未明确揭示是什么机制驱动了恩克拉多斯的这一独特喷发。这些喷流不仅将物质喷射到恩克拉多斯的表面，还将其中的一部分物质送入太空，这些物质最终构成了土星环的一部分。

岩石核

厚冰层

全球性海洋

水汽和冰的喷流

天文学家们认为，冰层下的海洋和有机物质的结合意味着恩克拉多斯可能有能力形成生命！

词汇表

氨 一种由氮和氢构成的无机化合物，氨气是一种无色，由强烈刺激气味的气体。

赤道 围绕在行星中间的假想圆。

大气 行星或其他天体周围的大量气体。

分子 在没有化学反应的情况下，物质可以分解成的最小粒子。一个化学元素的分子可以由一个或多个相似的原子组成，分子化合物可以由两个或多个不同的原子组成。

轨道 较小的天体在引力作用下围绕较大的天体运行的路径。例如，行星绕太阳运行的路径。

氦 一种轻质化学元素，是宇宙中第二丰富的元素。

核 行星、卫星或恒星内部的中心区域。

彗星 围绕太阳运行的由尘埃和冰组成的小天体。

极点 通常指南北极点，即南北纬度分别为90度的两点。

极光 来自地球磁层或太阳的高能带电粒子流（太阳风）使高层大气分子或原子激发（或电离）而产生。太阳系内的其他一些具有磁场的行星上也有极光。

甲烷 由碳和氢元素构成的有机化合物，是天然气的主要成分。

流星体 一种小天体，由太空中运行的彗星碎裂产生。

氢 宇宙中最丰富的化学元素。在标准状况下，氢是密度最小、最轻的气体。

水冰 科学家们用来描述冰冻的水，以区别于由其他化学物质形成的冰。

太阳系 以太阳为中心并受其引力影响使周边天体维持一定的规律运行形成的天体系统。

探测器 用于探索太空的无人驾驶设备，大多数探测器会将数据信息从太空传回地球。

天文学家 研究太空中恒星、行星和其他天体或空间力学的科学家。

望远镜 一种使远处的物体看起来更近、更大的仪器。简单的望远镜通常由一组透镜组成，但有时镜筒中有一个或多个反射镜。

微生物 一种活的有机体，小到需要用显微镜才能看到。

卫星 太空中围绕另一天体（如行星）运行的人造或自然天体。人类发射人造卫星用于通信或研究地球和太空中的其他天体。

小行星 小行星是太阳系内围绕太阳运行的一类由岩石、金属或其他物质构成的小天体。

行星 围绕恒星（在太阳系内是太阳）运行的天体，它们具有足够大的质量以通过自身引力达到近似球体的形状，并且在围绕恒星运行的过程中能够清除其轨道附近区域的其他物体。

乙烷 由化学元素碳和氢构成的无色无味的气体，存在于天然气、煤气和石油中。

引力 由具有质量的物体之间的相互吸引作用产生的力。

原子 物质的基本单位之一。

质量 物体所具有的物质的量。

自转轴 地球或其他天体围绕其自转的中心轴线。

趣味问答

1. 木星主要是由什么化学元素组成的?

2. 木星上的一天有多长?

3. 木星赤道附近的风速能达到多少?

4. 木星的大红斑实际上是一个巨大的_____。

5. 木星的四颗伽利略卫星分别被称为?

6. 1974年,第一艘飞掠木星的探测器是?

7. 土星上的一年约相当于多少个地球年?

8. 土星主要由氢组成,但它有一个由两种物质组成的致密核心。这两种物质是什么?

9. 土星有多少个主环?

10. 2017年，卡西尼号空间探测器是如何结束其土星任务的？

11. 土卫六上的云是由哪两种化学物质组成的？

12. 土卫二的冰冻表面之下是什么？

答案：

1. 氢
2. 约9小时55分钟
3. 大约每小时650千米
4. 凡蕾
5. Io（木卫一木卫）、Europa（木卫二欧罗巴）、Ganymede（木卫三伽尼米德）和Callisto（木卫四卡利斯托）
6. 木星至少10号
7. 约29.5个地球年
8. 稀物质
9. 7个卫星
10. 它坠入了土星的大气层。
11. 甲烷和乙烷
12. 液态水海洋

未经许可,不得以任何方式复制或抄袭本书之部分或全部内容。
版权所有,侵权必究。

 感谢World Book对本书的图文支持。

图书在版编目(CIP)数据

这里是太阳系. 木星和土星 / 世图汇编著. -- 北京：电子工业出版社, 2024. 8. -- ISBN 978-7-121-48532-9

Ⅰ. P18-49

中国国家版本馆CIP数据核字第2024HZ3638号

责任编辑：董子晔
印　　刷：天津裕同印刷有限公司
装　　订：天津裕同印刷有限公司
出版发行：电子工业出版社
　　　　　北京市海淀区万寿路173信箱　邮编：100036
开　　本：889×1194　1/16　印张：40　字数：665千字
版　　次：2024年8月第1版
印　　次：2024年8月第1次印刷
定　　价：200.00元（全10册）

凡所购买电子工业出版社图书有缺损问题,请向购买书店调换。若书店售缺,请与本社发行部联系,联系及邮购电话：(010) 88254888, 88258888。
质量投诉请发邮件至zlts@phei.com.cn,盗版侵权举报请发邮件至dbqq@phei.com.cn。
本书咨询联系方式：(010) 88254161转1865, dongzy@phei.com.cn。

OUR SOLAR SYSTEM

这里是太阳系

MERCURY AND VEN

世图汇 编著　郑硕 审

水星和金星

内行星

电子工业出版社
Publishing House of Electronics Industry
北京·BEIJING

目录

- 4   遇见内行星
- 6   微小的水星
- 8   靠近太阳
- 10   在夜空中寻找水星
- 12   水星的相位
- 14   水星和太阳
- 16   水星和地球的对比
- 18   一个铁的世界
- 21   几乎没有空气
- 22   一个令人讨厌的地方
- 24   如此多的陨石坑
- 27   水星上的巨大陨石坑
- 28   探索水星
- 30   金星：地球的"孪生兄弟"
- 32   距太阳第二近的行星
- 34   发现夜空中的金星
- 36   最耀眼的行星

金星

38　金星和太阳

40　金星和地球的对比

42　金星内部

44　令人窒息的大气层

46　炙热无比的金星

48　失控的温室效应

50　火山无处不在

52　金星上的活火山

54　金星上的大陆

56　探索金星

58　一个不受欢迎的世界

60　词汇表

62　趣味问答

※天文学家利用多种类型的照片来探究行星等宇宙天体。其中许多照片展现了这些天体的自然色彩，而有些则通过添加假色或展示人眼不可见的光谱来呈现。此外，人们还会根据已有的知识，借助想象力对这些天体进行艺术描绘。

遇见内行星

在我们的太阳系内，4颗围绕太阳最近的行星被称为内行星——水星、金星、地球和火星。这些内行星也被称为类地行星，因为它们有一个主要是铁的金属中心，外层则被岩石包围，就像我们的地球一样。

内行星与其他组成太阳系的气态行星——木星、土星、天王星和海王星有很大的不同。

但是水星和金星，这两颗离太阳最近的行星，与地球和火星相比是非常不同的。水星表面多岩石，没有大气层，在夜空中通常很难被看到。

相比之下，人们时常可以在天空中看到金星明亮的光芒，尤其是在黎明和黄昏时分。金星有时被称为地球的孪生兄弟，因为它们大小相似。但从表面上看，金星是一个被酸云所笼罩的、环境恶劣的、炙热的世界。

水星（左上角）和
金星

5

微小的水星

水星是**太阳系中最小的行星。**

水星的直径不到地球的一半，其体积小也是在地球上很难看到它的原因之一。

通常见到它时它只是夜空中的一个小光点。

水星的直径约为4 879千米，水星比月球**大一点，**月球的直径约为3 476千米。

水星甚至比土星的卫星土卫六或木星的卫星木卫三**还要小。**

水星离太阳如此之近,以至于太阳在水星的天空中看起来的大小是在地球的天空中看起来的大小的2.5倍。

靠近太阳

水星是太阳系中离太阳最近的行星。水星的绕日运行轨道在金星的绕日运行轨道内侧。

水星与太阳之间的距离在一年中是不断变化的,因为它沿着椭圆形轨道绕太阳运行。水星与太阳的平均距离约5 800万千米,相比之下,地球距离太阳约1.5亿千米。

地球与太阳之间的距离大约是水星与太阳之间距离的3倍。

有时，水星和地球仅相距约7 730万千米。

水星是太阳系中运行最快的行星，它的移动速度比其他任何行星都快。水星的名字来自古罗马神话，古罗马人为纪念他们的信使神而为这个快速移动的星球命名。

如果一架喷气式飞机能够以每小时800千米的速度飞越太空，那么它从地球到达水星大约需要11年。

在夜空中寻找水星

在地球上不容易看到水星，因为它太小了，并且离太阳又太近。观看这颗行星的最佳时间是黄昏或黎明，水星通常不会升到地平线以上很高的位置，它经常隐没在落日的余晖或日出的霞光中。

当天空晴朗时，在日落后不久的西方低空或日出前不久的东方低空可以寻找到一颗中等亮度的星星。

如果在天空的这些地方看到一颗非常明亮的星星，那很可能是金星。

水星在靠近地球时会在西方天空出现，当它远离地球时会在东方天空出现。

当水星移动到太阳的另一侧时，你就看不到它了。

这些变化被称为相位，就像我们看到的月球的圆缺一样。

观察水星最好的办法是通过望远镜，你将会看到这颗行星的形状和大小似乎整晚都在变化。在连续两天的时间里，可以从地球上看到水星被阳光照射到的不同部分。

日落时
在天空中看到
的水星、金星
和月球。

金星

水星

11

水星的相位

当通过望远镜观察时,水星似乎像月球一样有相位变化。水星有相位,是因为它的运行轨道在地球绕太阳运行的轨道内侧。

相位取决于水星绕太阳运行时是靠近地球还是远离地球,在不同的时间可以看到被太阳光照射的不同部分。

有时,从地球上只能看到水星被阳光照射的一小部分,就像我们看到的新月的样子。在其他时候,可以看到水星完全被阳光照射的一面,就像我们看到的满月的样子。

水星的相位如下图所示。

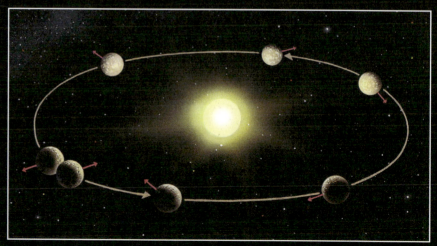

13

水星和太阳

水星自转非常慢，但是水星围绕太阳的公转速度非常快，这就导致了水星的一些不寻常之处。

水星一天的时间是它一年时间的两倍！

水星约需要59个地球日才能绕其自转轴旋转一次。在一个自转周期中，它完成了公转的2/3周。因此，水星上的一昼夜约等于176地球日。这意味着水星约**每6个月才有一次**日出！

水星的运行轨道靠近太阳,所以可以说它是太阳系中每个行星的近邻!

一颗行星可能只在其公转轨道的某些位置更接近其他行星,但水星永远不会和其他行星距离太远。

水星快速地沿椭圆形轨道绕太阳运行。

也就是说,水星上的一年只有88个地球日。

水星以每秒48千米的速度沿着轨道运行!地球在轨道上的运行要慢得多,地球绕太阳公转的速度约为每秒30千米。

水星和地球的对比

水星的密度几乎和地球一样大,因为它有巨大的**铁核**。

在水星上,**太阳光线**的强度约为地球上的7倍。太阳在水星天空的大小约为在地球天空的大小的2.5倍。

水星绕太阳公转的平均距离约为5 800万千米,而地球绕太阳公转的平均距离约为1.5亿千米。

像地球一样,水星**没有星环**。微小的行星也**没有卫星**,而地球则有一颗卫星。

水星的**直径**约为4 879千米。这大约是地球直径的2/5，地球直径约为12 756千米。

水星大约每88个地球日绕太阳运行一周。

这意味着水星上的**一年**大约是88个地球日，而地球上的一年大约需要365日。

水星的质量比地球小得多。因此，水星的引力只有地球的1/3左右，如果你在地球上重45千克，那么在水星上重约17千克。

水星自转一周（即水星上的一天）大约需要58.65个地球日。

一个铁的世界

你可以把水星看作一个大铁球，它的表面有一层薄薄的矿物质，这一层叫作地壳。地壳下面是一层薄薄的岩石层，称为地幔。地幔是足够热的，因为它有部分熔化的岩石。

在地幔之内，水星的中心，是一个巨大的铁核。水星的金属核心占据了水星内部的85%。科学家认为，水星的固体内核和地球的内核几乎一样大——尽管地球体积几乎是水星体积的18倍。水星内核的外部是由流动的热熔铁和一些其他物质组成的。

水星核心深处流动的熔铁会产生电流，这就解释了为什么水星会有磁场。这个磁场使来自太阳的带电粒子的路径发生了弯曲。

地壳

地幔

地核

水星稀薄的大气
不能阻挡来自太阳的
有害射线到达其
表面。

几乎没有空气

水星上几乎没有空气，就像月球上一样，只有几种化学元素组成了水星上空非常稀薄的大气。

这些元素包括氦、氢和钠等。水星的大气中也有少量氧气，但不足以让动物呼吸。

一些科学家认为，几十亿年前水星可能有更厚的大气层。水星大气层变得稀薄的一个原因可能是它的体积小，因为太小了，所以它只有微弱的引力。在早期，水星的引力可能不足以抓住任何气体。随着时间的推移，气体就扩散到了太空中。

据我们所知，在水星稀薄的大气中不可能存在任何生命形式。水星的大气层接近真空，稀薄的大气层使得来自太阳的危险射线能直射水星的表面，这些射线会迅速杀死水星表面的任何生物。

一个令人讨厌的地方

水星是太阳系中最不吸引人的行星之一，这颗星球的昼夜温差极大！

因为水星离太阳很近，到达水星的太阳光强度大约是到达地球的7倍。此外，水星的大气中几乎没有空气。水星的大气太稀薄，无法阻挡水星从太阳接收到的热和光，导致水星白天的温度可高达430℃。超高的温度可能使我们所知道的生命不能在水星上生存。

对水星干燥的表面的描绘，水星的天空看起来总是黑色而晴朗的。

相比白天，水星的夜晚非常寒冷。

夜晚温度可以低至-170℃，因为它的大气层太稀薄，无法留住白天积蓄自太阳的热量。

尽管水星是离太阳最近的行星，但它并不是最热的行星，金星甚至更热！

太阳一落山，水星在白天积蓄自太阳的热量就会散失到太空中。水星上也非常干燥，空中从没有形成过云。天空总是晴朗的，即使有太阳照耀，水星的天空也是黑色的。地球的天空是蓝色的，因为地球厚厚的大气层中的气体粒子将阳光中的蓝光散射到了天空中。但是水星的大气层非常薄，各种颜色的光波都能直接到达水星表面，使得天空一片漆黑。

如此多的陨石坑

水手10号探测器拍摄的照片显示,水星表面有许多深陨石坑。水手10号是由美国国家航空航天局(NASA)于1973年发射的。

水星上的陨石坑是陨石撞击水星产生的,因为水星没有足够的大气层在陨石撞击其表面之前将陨石燃烧掉。

水手10号拍摄的照片还显示了水星上的山脉和陡直的悬崖。

从这张水手10号探测器拍摄的照片中,可以看到水星上有许多深坑。

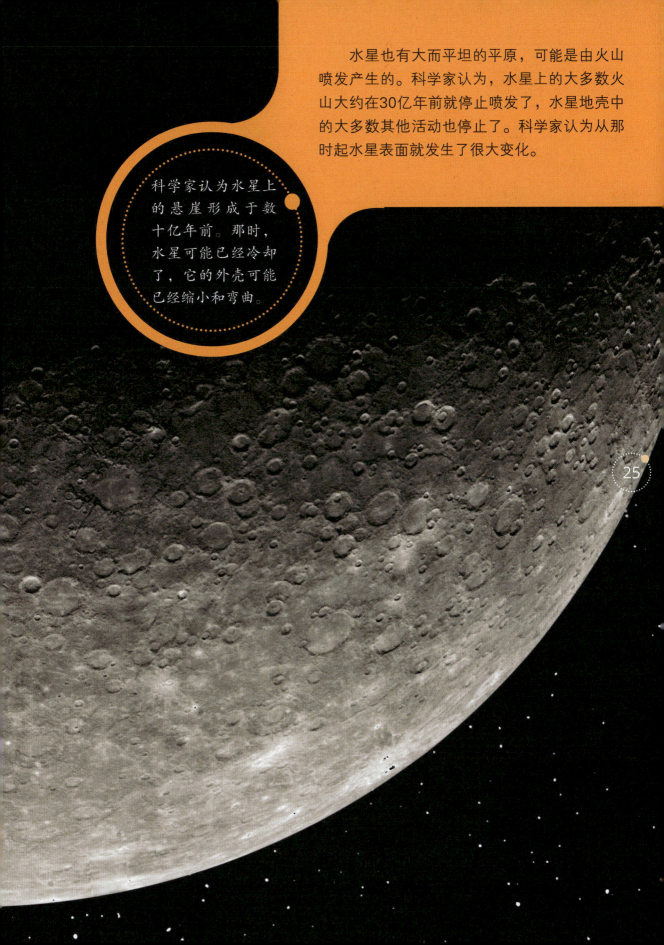

水星也有大而平坦的平原,可能是由火山喷发产生的。科学家认为,水星上的大多数火山大约在30亿年前就停止喷发了,水星地壳中的大多数其他活动也停止了。科学家认为从那时起水星表面就发生了很大变化。

科学家认为水星上的悬崖形成于数十亿年前。那时,水星可能已经冷却了,它的外壳可能已经缩小和弯曲。

在这张人工生成的假彩色图像中，水星的卡路里盆地发出了明亮的光。

水星上的巨大陨石坑

卡路里盆地不仅是水星上最大的陨石坑,也是水星最显著的特征。卡路里盆地宽约1 550千米。科学家将直径大于300千米的陨石坑称为盆地,水星表面有20多个大型盆地。

当美国国家航空航天局(NASA)的水手10号探测器从水星发回特写照片时,我们首次清晰地看到了壮观的卡路里盆地。

科学家认为,这个巨大的陨石坑约是在40亿年前形成的,当时一颗巨大的小行星撞上了水星。

卡路里盆地比地球上最大的陨石坑宽得多,它可以容纳整个美国的得克萨斯州!

卡路里盆地逐渐变得很热!因为当水星最接近太阳时,它靠近水星上面向太阳的位置。

探索水星

截至目前，只有少数几个空间探测器探索过水星。

美国国家航空航天局（NASA）的**水手10号**是第一个探索水星的探测器，它在1974年和1975年飞掠水星，其上的相机拍摄了水星表面区域的一半左右。水手10号上的另一台仪器则探测到了水星的磁场。

2004年，美国国家航空航天局（NASA）发射了第二个水星探测器，名为**信使号**。

信使号在2008年和2009年飞掠水星，并拍摄了此前探测器从未见过的水星表面区域。

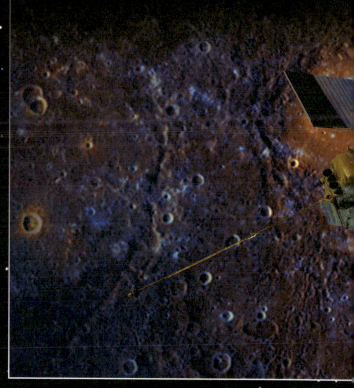

信使号从2011年到2015年围绕水星运行，更详细地绘制了水星表面的地图，为水星寒冷而阴暗的南北两极存在水冰提供了强有力的证据。2015年，信使号燃料耗尽，撞向了水星表面。

第三个前往水星探测的航天器是2018年由欧洲空间局（ESA）和日本航天局联合发射的**贝比科隆博号**。在7年的旅程中，它将在到达水星之前数次飞掠地球和金星。然后，贝比科隆博号将分成两个轨道器，在2025年底开始对水星进行详细观测。

金星：地球的"孪生兄弟"

金星有时被称为地球的"孪生兄弟"，因为两颗行星的大小大致相同。金星和地球是绕太阳运行的4颗内行星中体积最大的。但是与木星和土星等外行星相比，金星和地球则显得很小。以土星为例，它的直径大约是金星直径的10倍。

从地球上看，在夜空中金星比其他任何行星甚至恒星都要亮。金星通常是我们在傍晚的西方天空中看到的第一颗星星，也是我们在早晨的东方天空中可以看到的最后一颗星星。

金星是夜空中最亮的行星。

因为金星在天空中非常明亮,所以它通常被称为启明星和长庚星。

距太阳第二近的行星

金星是太阳系中距离太阳

第二近的行星。

金星在地球和水星的绕日轨道之间绕太阳运行。

金星以每秒35千米的速度绕太阳公转，大约需要225个地球日才能绕太阳运行一周。这也是金星**一年**的时间长度。

金星围绕太阳运行的轨道几乎是圆形的。

平均而言，金星距离太阳大约
1.08亿千米， 相比之下，
地球距离太阳约1.5亿千米。

大约每隔19个月，金星与
地球会有亲密**靠近**的机会。
在所有行星中，金星是离地球最
近的，这两颗行星最近时的距离大约为
3800万千米。

发现夜空中的金星

　　金星是天空中最容易找到的行星，因为它太亮了！即使不借助望远镜也能很容易地看到它。日落之后，在西边天空中寻找一颗看起来非常明亮的星星，或者日出之前，在东边的天空中寻找一颗看起来格外明亮的星星。当金星最亮时，你甚至可以在白天看到它！

> 在地球上，日落之后就可以看到的金星了。

　　金星绕太阳运行的速度比地球快。当金星靠近地球时，它会出现在西方的天空；当它远离地球时，则出现在东方的天空。而当金星运行到太阳的另一侧即处于太阳与地球之间时，你就看不到它了。

　　如果用望远镜观察金星，你会发现这颗行星的形状似乎会发生变化。例如，从今晚开始，它将像地球的卫星月球一样经历相位。之所以会出现这些相位，是因为在不同的时间，从地球上可以看到金星表面被太阳光照射的区域不同。

1610年，意大利天文学家伽利略是第一个通过望远镜观测金星的人。他发现金星会经历像月球一样的圆缺变化。

最耀眼的行星

金星比夜空中其他任何行星甚至恒星都要亮。古代天文学家把早晨出现的天体称为"启明",把晚上出现的天体称为"长庚"。后来,他们意识到这些明亮的天体是同一颗行星。

这颗行星耀眼的亮度使古罗马人利用他们爱与美丽女神的名字将其命名为维纳斯(Venus)。

通过望远镜,金星看起来像一个明亮的淡黄色圆盘。金星表面完全被厚厚的云层所覆盖,这些云层太厚了,以至于单纯靠人的眼睛很难看透。

金星厚厚的云层使科学家们无法仅通过观测了解它的表面,直到我们的探测器到访这颗行星。

金星完全被厚厚的黄色云层覆盖。

金星和太阳

金星距离太阳大约1.08亿千米。

太阳系中大部分天体都以椭圆形轨道绕太阳运行，唯独金星绕太阳运行的轨道几乎是**完美的圆形**。

太阳光从太阳表面射出后到达金星需要约6分钟的时间。

与天王星一样，金星的自转方向与围绕太阳公转的方向不同。这两颗行星从东向西自转，与围绕太阳运行的**方向相反**。太阳系中其他行星的自转和公转方向相同。

金星的自转速度比其他任何行星都慢，约每243个地球日自转一次。这是金星上一天的时间长度。**因此，金星上的一天比它一年还要长！**

最初金星与其他行星的自转方向相同，一些科学家认为，太阳的强大引力，加上金星的浓厚大气层，导致它减速并**改变了方向**。

金星和地球的对比

金星干燥的表面、厚厚的大气层和超级炎热的天气与地球上的情况截然不同。金星上的**大气**主要含有二氧化碳，以及少量的氮气、氩气、一氧化碳、二氧化硫和其他物质。相比之下，地球上的大气主要由氮气、氧气和氩气组成。

金星上甚至比水星上还要热！ 金星上太热了，不可能有水存在，它白天的常态温度可达到465℃。

41

金星的质量和引力与地球大致相同。

因此，你在两颗行星上的重量**大致相同**。如果你在地球上重45千克，那么你在金星上重约为41千克。

金星绕太阳公转的平均距离约为1.08亿千米，而地球绕太阳公转的平均距离约为1.5亿千米。

金星大约每**225个地球日**绕太阳运行一周。

这意味着金星上的一年大约需要225个地球日，而地球上的一年大约需要365日。

金星上的一天持续243个地球日。这比地球上的一天要长得多，地球上的一天是24小时。

金星和地球的大小差不多。

这就是为什么它有时被称为**地球的"孪生兄弟"**。

金星的直径约为12 104千米，而地球的直径仅比金星长约644千米，约12 756千米。

金星**没有卫星或行星环**。

地球也没有行星环，但有一颗卫星。

金星内部

科学家们对金星的内部知之甚少，他们认为金星的内部可能很像地球的内部。科学家们认为，在岩石构成的固体地壳下面，可能有一个部分熔融的岩石地幔。在地幔下，金星很可能有一个由铁构成的核心。这个铁芯可能是熔化的或部分熔化的，或者是完全固态的。一些科学家认为金星有熔化的外核和固态的内核。

液态金属在地球外核中的流动会在地球周围产生磁场。如果金星也有流动的金属外核，那么它也应该有磁场。然而，空间探测器没有发现金星周围有磁场的证据。因此，许多科学家认为金星核心中的某些东西一定与地球核心不同。

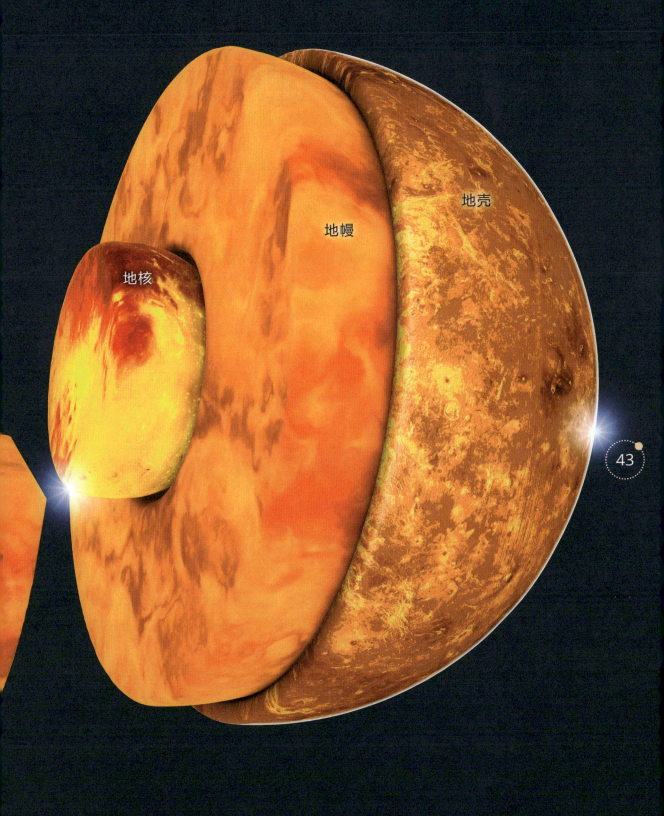

令人窒息的大气层

金星周围的大气层与地球周围的大气层非常不同。金星的大气主要由二氧化碳气体组成,还含有少量的氩气、氮气和其他物质(包括二氧化硫和少量水蒸气),这就导致金星的大气层更厚更重。大气层的重量以难以置信的大气压施加于金星表面。

事实上,金星地面的大气压力大约是地球海平面大气压力的100倍。

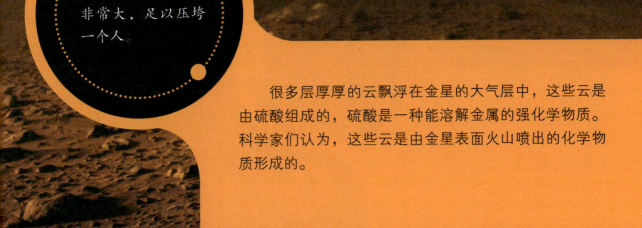

金星表面的大气压非常大，足以压垮一个人。

很多层厚厚的云飘浮在金星的大气层中，这些云是由硫酸组成的，硫酸是一种能溶解金属的强化学物质。科学家们认为，这些云是由金星表面火山喷出的化学物质形成的。

炙热无比的金星

金星上天气炎热，甚至比水星上还要热。事实上，金星上的天气是太阳系中最热的，白天的温度可达465℃。

金星上太热了，因此液态水不可能存在。但来自美国国家航空航天局（NASA）空间探测器的发现让科学家们认为，金星上会下硫酸雨！这种"雨"来自金星云层中的硫酸，热量使这些液滴在到达金星表面之前就蒸发（从液体变成气体）了。

空间探测器拍摄到的图像表明，闪电在金星上可能很常见。

金星大气顶层的风速通常超过每小时320千米，而金星表面的风要柔和得多。

关于金星上闪电的描绘

失控的温室效应

金星浓厚的大气中含有丰富的温室气体——二氧化碳,它的作用是将热量积蓄在地表附近,就像地球上的温室将热量积蓄给植物一样。科学家称这种变暖现象为"温室效应"。

科学家认为,大约40亿年前,金星更像地球。当时,金星可能有适宜的温度、流动的水甚至海洋。

随着时间的推移,太阳变得越来越亮,也越来越热,因此金星的大气层吸收了更多的热量,导致金星也变得越来越热。

科学家们认为，随着时间的推移，这一过程在金星上失去了控制，造成了"失控的温室效应"。这使得金星从地球的"孪生兄弟"变成了我们今天看到的炙热星球。

通过研究金星上的高温和大气中的二氧化碳，科学家对地球上的温室效应和全球变暖有了更深入的认识。

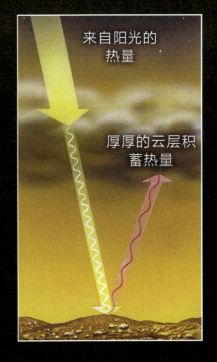

来自阳光的热量

厚厚的云层积蓄热量

火山无处不在

与地球一样,金星是一颗岩质行星,因此你可以站在其地面上。总体而言,金星是内行星中最平坦的行星,平坦、光滑的平原覆盖着硬化了的熔岩,这些熔岩覆盖了金星一半以上的面积。熔岩是很久以前随着火山爆发出来,后来冷却并干燥形成的。

金星上有成千上万的火山!它们的大小各不相同,有些区域宽至240千米。金星上最高的火山之一是玛阿特山,它高出金星表面约8千米。

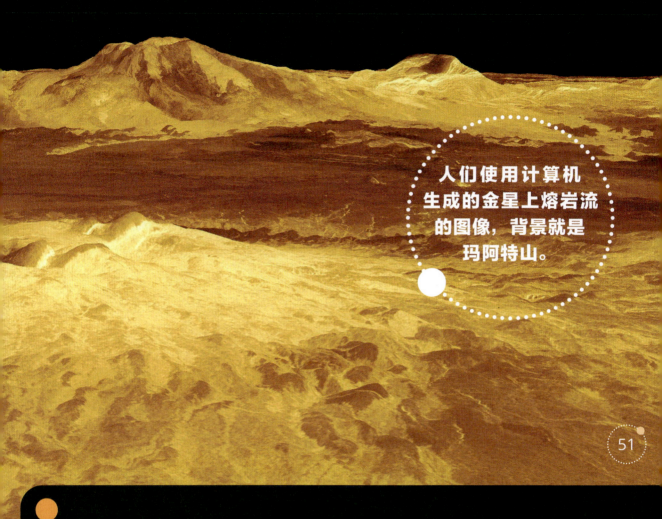

人们使用计算机生成的金星上熔岩流的图像,背景就是玛阿特山。

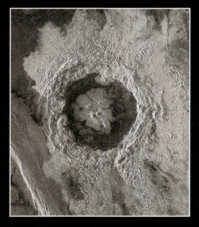

金星表面的某些特征不同于地球,其中有一种巨大的环状结构,称为冠状体,它几乎可以绵延580千米。

还有被称为镶嵌地块的特征,它是金星表面凸起的区域,这些区域内有着不同方向的脊和谷。

金星也有高山和深坑,这些都是很久以前陨石撞击金星表面时形成的。

金星上的活火山

火山爆发是导致金星表面变化的主要原因之一，火山爆发出的炽热岩浆流过土地，掩盖了其古老的特征——几乎就像用沥青重铺旧路一样。

金星的大部分表面是由熔岩流"铺成"的，这些熔岩流中的大部分可能来自5亿年前爆发的火山，但也有一些可能是最近爆发的。熔岩覆盖了许多古老的陨石坑，这就是为什么如今金星表面的陨石坑比水星或月球少得多的原因之一。

金星上还有活火山吗？科学家们并不确定。一些科学家认为金星上的火山可能会不时活跃一下，空间探测器已经发现了自20世纪90年代以来金星表面发生变化的区域，许多科学家认为这些变化是由近期的火山活动引起的。空间探测器还在大气中发现了某些可能由火山喷发出来的气体。

对金星表面火山活动的描绘

金星上的大陆

伊斯塔台地

在地球上,大陆是大片干燥的土地,几乎被湖泊或海洋等低洼地区所包围。金星有两个区域,就像地球上的大陆。现在它们周围没有水,但是科学家认为它们可能很久以前就被水包围了。这两个地区被称为阿佛洛狄忒台地和伊斯塔台地。

阿佛洛狄忒台地位于金星赤道沿线。

这个区域内有许多火山,包括玛阿特山。阿佛洛狄忒台地的面积大约和南美洲的的面积一样大。

伊斯塔台地位于金星的北极附近,它的面积大约相当于澳大利亚的面积,它还有4条大型山脉。金星上最高的山脉是麦克斯韦山脉,该山脉的最高点高约11.3千米,这比地球上最高的珠穆朗玛峰还高出约2.5千米。

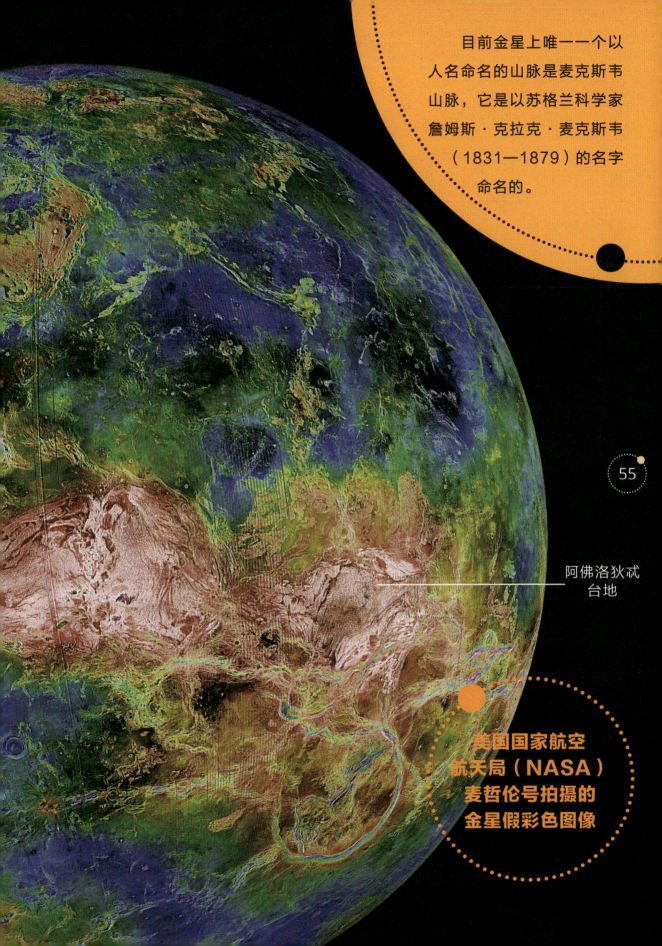

目前金星上唯一一个以人名命名的山脉是麦克斯韦山脉,它是以苏格兰科学家詹姆斯·克拉克·麦克斯韦(1831—1879)的名字命名的。

阿佛洛狄忒台地

美国国家航空航天局(NASA)麦哲伦号拍摄的金星假彩色图像

探索金星

苏联在20世纪60年代、70年代和80年代发射了几个**金星号探测器**，其中有几个探测器在金星表面着陆。着陆金星的探测器拍摄了金星表面并进行了其他研究。但在金星上的高温和压力下，这些探测器最多只能工作几小时。

1978年，美国国家航空航天局（NASA）的探测器**先驱者金星1号**和**先驱者金星2号**到达金星附近。先驱者金星1号环绕金星运行了近14年，绘制了它表面的地图并研究了金星上的大气。先驱者金星2号将特殊的仪器抛入金星大气中，以测量其大气的温度和风速。

我们从地球发射的探测器观察的第一颗行星便是金星。1962年，美国国家航空航天局（NASA）的水手2号探测器在距离金星约34 800千米的地方经过。我们对金星的大部分了解来自从地球发射到它的空间探测器。

在20世纪90年代，美国国家航空航天局（NASA）的**麦哲伦号**探测器绘制了金星表面的高清图像。从2006年到2014年，欧洲空间局（ESA）的金星快车号探测器研究了金星上的岩石，以寻找正在进行中的火山爆发的迹象。

2010年，日本的**拂晓号**探测器发射升空，但它未能进入金星轨道。之后，拂晓号在太阳周围漂泊了近5年，科学家们最终在2015年设法将它送入了金星的轨道。科学家们希望拂晓号能够帮助人们更多地了解金星的气候和浓密的大气。

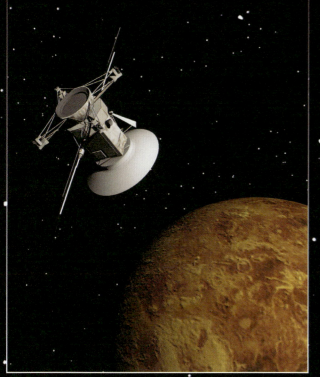

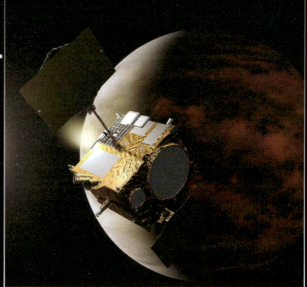

一个不受欢迎的世界

大多数科学家认为金星不可能支持地球上已知的任何形式的生命生存，事实上，人们几乎肯定不会去金星。金星上的高温、有毒的大气层和巨大的压力对任何试图在那里着陆的人来说都是致命的。

> 地球上有微生物可以在炎热和酸性环境中繁衍生息，这种生物有可能生活在金星的云层中吗？

之前，有些人认为金星可能像地球上的某些地方一样，是一个温暖、多沼泽的天堂。他们想象奇异的生物在丛林中奔跑、在海里游泳。我们现在可以明确地知道，那些关于金星的想法是错误的。据我们所知，金星表面对生命来说是一个不利于生存的地方。

一些科学家认为，微生物可以在金星大气层的某些区域存活，那里的温度和压力都比较温和。科学家们发现，在地球上，微生物可以被卷入大气层。

2018年，有科学家认为在金星的云层中看到的黑斑可能是生活在其中的微生物。2020年，科学家们在金星大气中检测到磷化氢，这是一种主要由生物产生的气体。虽然这似乎不太可能，但它确实发生了，生命可以在有毒的大气中繁衍生息。即使这样，也有科学家指出，黑暗斑块和磷化氢可能是由不涉及生命的过程引起的。

词汇表

赤道 围绕在行星中间的假想圆。

磁场 磁铁或磁化物体周围的空间,在这个空间里可以与其他磁性物质产生相互作用。

大陆 地球上有七个大陆,分别是非洲、南极洲、亚洲、澳洲、欧洲、北美洲和南美洲。

大气 行星或其他天体周围的大量气体。

大气压 一般指气压,是作用在单位面积上的大气压力。

地壳 地球或其他岩石行星由岩石组成的固体外壳。

地幔 地球或其他岩石行星位于地壳和地核之间的区域。

地平线 地面和天空近似相交的线。

二氧化碳 常温常压下是一种无色、无味、无臭的气体,由一个碳原子和两个氧原子构成。

轨道 较小的天体在引力作用下围绕较大的天体运行的路径。例如,行星绕太阳运行的路径。

氦 一种轻质化学元素,是宇宙中第二丰富的元素。

核 行星、卫星或恒星内部的中心区域。

矿物 在岩石中自然形成的物质,如锡、盐或硫。

硫酸 一种无色、稠密、油状的液体,能破坏或腐蚀与其接触的物质。

密度 物质的一种基本属性,描述了物质单位体积内的质量。

钠 一种柔软的银白色化学元素,盐和苏打都含有钠。

盆地 宽而浅的区域或洼地。

气态巨行星 4颗行星中的任何一颗——木星、土星、天王星和海王星,主要由气体和液体组成。

水冰 科学家们用来描述冰冻的水,以区别于由其他化学物质形成的冰。

太阳系 以太阳为中心并受其引力影响使周边天体维持一定的规律运行形成的天体系统。

探测器 用于探索太空的无人驾驶设备,大多数探测器会将数据信息从太空传回地球。

天文学家 研究太空中恒星、行星和其他天体或空间力学的科学家。

望远镜 一种使远处的物体看起来更近、更大的仪器。简单的望远镜通常由一组透镜组成,但有时镜筒中有一个或多个反射镜。

卫星 太空中围绕另一天体(如行星)运行的人造或自然天体。人类发射人造卫星用于通信或研究地球和太空中的其他天体。

相位 地球上的观测者看到月球或某些行星的形状和大小在夜间发生的变化。这些明显的变化发生在月球或行星的不同部分被太阳照亮并在地球上可见。

小行星 小行星是太阳系内围绕太阳运行的一类由岩石、金属或其他物质构成的小天体。

行星 围绕恒星(在太阳系内是太阳)运行的天体,它们具有足够大的质量以通过自身引力达到近似球体的形状,并且在围绕恒星运行的过程中能够清除其轨道附近区域的其他物体。

引力 由具有质量的物体之间的相互吸引作用产生的力。

陨石 来自外太空有质量的石头或金属,已经到达行星或卫星的表面,并没有在该天体的大气层中燃烧殆尽。

陨石坑 行星或其他天体表面由较大天体撞击而形成的碗状凹陷。

真空 几乎不含任何物质的空间。

质量 物体所具有的物质的量。

自转轴 地球或其他天体围绕其自转的中心轴线。

趣味问答

1. 作为行星的水星比两颗木星和土星的卫星还要小，这两颗卫星分别是？

2. 水星与太阳的距离会发生变化，因为水星的轨道是_____。

3. 水星上的一年约相当于多少个地球日？

4. 水星有一层薄薄的矿物质外壳，覆盖着一个由什么物质构成的巨大内核？

5. 水星上最大的陨石坑被称为？

6. 第一个研究水星表面的空间探测器是？

7. 金星绕太阳公转一周约需要多少个地球日？

8. 金星的大气层主要由什么物质构成？

9. 金星表面的温度太高，水不可能存在。但金星上有"雨"，金星上的"雨"是由什么化学物质组成的？

10. 科学家们认为，金星的大气层之所以如此炎热是因为一种"失控"的过程。这个过程造成了什么？

11. 金星上像地球上的大陆的两块区域被称为？

12. 第一个登陆金星的空间探测器是？

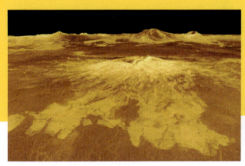

答案：
1. 与星的卫星土星、六、七、八、气星、火星、天王星
2. 椭圆形轨道
3. 约88个地球日
4. 4年
5. 卡路里亚盆地
6. 水手10号
7. 约225个地球日
8. 二氧化碳
9. 硫酸
10. 温室效应
11. 阿佛洛狄忒台地和伊师塔台地
12. 金星号探测器

未经许可,不得以任何方式复制或抄袭本书之部分或全部内容。
版权所有,侵权必究。

 感谢World Book对本书的图文支持。

图书在版编目(CIP)数据

这里是太阳系. 水星和金星 / 世图汇编著. -- 北京：
电子工业出版社, 2024. 8. -- ISBN 978-7-121-48532-9
Ⅰ. P18-49
中国国家版本馆CIP数据核字第2024ST4301号

责任编辑：董子晔
印　　刷：天津裕同印刷有限公司
装　　订：天津裕同印刷有限公司
出版发行：电子工业出版社
　　　　　北京市海淀区万寿路173信箱　邮编：100036
开　　本：889×1194　1/16　　印张：40　　字数：665千字
版　　次：2024年8月第1版
印　　次：2024年8月第1次印刷
定　　价：200.00元（全10册）

凡所购买电子工业出版社图书有缺损问题，请向购买书店调换。若书店售缺，请与本社发行部联系，联系及邮购电话：（010）88254888，88258888。
质量投诉请发邮件至zlts@phei.com.cn，盗版侵权举报请发邮件至dbqq@phei.com.cn。
本书咨询联系方式：（010）88254161转1865，dongzy@phei.com.cn。

OUR SOLAR SYSTEM

PLUTO AND THE DWARF PLANETS

冥王星和矮行星

这里是太阳系

世图汇 编著　张磊 审

電子工業出版社
Publishing House of Electronics Industry
北京·BEIJING

目录

- 4 不够大
- 6 遇见矮行星
- 8 定位矮行星
- 10 比地球的卫星还小
- 12 冰和岩石
- 14 柯伊伯带之王
- 17 模糊的微红色圆盘
- 18 冥王星和太阳
- 20 冥王星和地球的对比
- 22 最冷的地方
- 24 冥王星的兄弟
- 26 冥王星的其他卫星
- 29 探索冥王星
- 30 谷神星
- 32 谷神星和地球的对比

冥王星

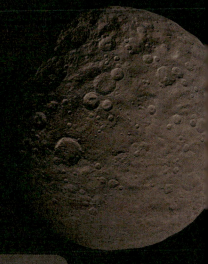

矮行星

34	发现谷神星
36	暗淡且多坑的世界
39	谷神星的亮斑
40	研究谷神星
42	遥远的阋神星
44	在太阳系中熠熠生辉
46	阋神星和地球的对比
48	阋神星的小卫星
50	鸟神星
52	妊神星
54	两颗卫星和一个环
56	海王星之外：柯伊伯带
58	冥王星之外
60	词汇表
62	趣味问答

※天文学家利用多种类型的照片来探究行星等宇宙天体。其中许多照片展现了这些天体的自然色彩，而有些则通过添加假色或展示人眼不可见的光谱来呈现。此外，人们还会根据已有的知识，借助想象力对这些天体进行艺术描绘

不够大

什么是矮行星？矮行星是比彗星或小行星大，但是比行星小的天体。几乎所有的矮行星都是在柯伊伯带中发现的，柯伊伯带是在海王星以外的外太阳系运行的由大量冰质天体组成的环状区域。

2006年，国际天文学联合会（IAU）（为空间天体命名的唯一机构）用"矮行星"这个名字描述因为不够大而不能被称为行星的天体。很难判断一个天体是否大到足以被称为矮行星，即使有最好的望远镜，科学家们也很难精确测量它们的大小和形状。

关于矮行星冰冻表面的描绘

根据国际天文学联合会（IAU）的定义，一个天体要被称为矮行星，必须是球形的或接近球形的，还必须环绕太阳运行，并且它的引力也非常小，以至于无法清空轨道附近的其他天体。到目前为止，天文学家们已经将5颗比月球还小的天体归类为矮行星。天文学家们预计太阳系中还有更多的矮行星。

遇见矮行星

科学家们已正式确认了5颗矮行星——冥王星、谷神星、阅神星、鸟神星和妊神星。除了谷神星，其他矮行星都位于柯伊伯带。

冥王星是柯伊伯带中最著名的天体。当1930年人们发现它时，它被认为是太阳系的第九大行星。然而，在2006年，国际天文学联合会（IAU）将冥王星降级为矮行星。

谷神星是小行星主带中唯一的矮行星。火星和木星轨道之间的小行星区域被称为小行星主带，人们在这里发现的第一个天体就是谷神星。

阅神星的大小和冥王星差不多，但阅神星与太阳之间的距离是冥王星与太阳之间距离的3倍。当2003年人们发现阅神星时，认为它比冥王星还要大。有一段时间，似乎阅神星有可能成为太阳系的第十颗行星。但是，最终科学家们将阅神星归类为矮行星。

谷神星　　　　　　　鸟神星　　　　　　　　　　　　妊神星

天文学家们在2008年将柯伊伯带的另外两个天体归类为矮行星,并将其命名为鸟神星和妊神星,它们的体积均比冥王星和阋神星小。

阋神星

冥王星

定位矮行星

绝大多数已知的矮行星都位于柯伊伯带。这条带的内边缘距离太阳大约45亿千米,外边缘距离太阳大约75亿千米。

在地球上观察柯伊伯带的矮行星们时,它们看上去又小又暗。由于绝大多数矮行星都是在柯伊伯带发现的,所以它们也被称为"柯伊伯带天体"。

对柯伊伯带天体的描绘

冥王星是人们在柯伊伯带发现的第一个天体。很多年以后，天文学家们在柯伊伯带又发现了其他的天体。目前，科学家们估计柯伊伯带有超过1000亿个岩质、冰质天体。它们中有些是球形的或接近球形的，可以归类为矮行星。冥王星和阋神星是柯伊伯带中已知的最大天体。绝大多数比较小的天体都不是球形的。

国际天文学联合会（IAU）在2008年创建了一个特殊的矮行星类别，将位于海王星轨道之外的矮行星称为类冥矮行星。冥王星和阋神星都被归类为类冥矮行星，同时它们也是柯伊伯带天体。谷神星既是小行星，也是矮行星，但它不是类冥矮行星或柯伊伯带天体，因为谷神星距离太阳比海王星距离太阳更近。

比地球的卫星还小

冥王星和阋神星是目前为止人们发现的两颗最大的矮行星,直径都是2 400千米左右。但是,相比直径约为3 475千米的月球(地球的卫星),冥王星和阋神星要小得多。

鸟神星

妊神星

阋神星

冥王星

矮行星能有多小？科学家们认为是有极限的，因为所有的行星和矮行星都必须是球形的或接近球形的。要形成球形，天体就必须有一定的质量。一个天体的质量决定了其引力的强弱，天体的表面会被引力向下拉，如果引力足够强，天体最终会变成球形。

根据科学家们的计算，有些天体的直径即使小到300千米左右，也仍有足够的质量使其变成像阋神星那样的球形，或者像妊神星那样接近球形。那些更小且不是球形的天体通常被归类为小行星。

已知矮行星及其卫星与地球及其卫星（即月球）大小的对比演示

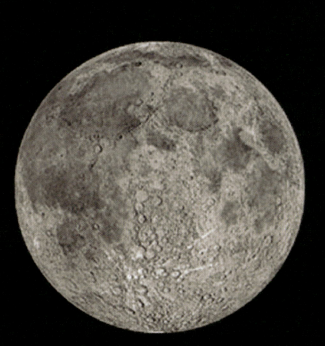

地球的卫星（月球）

地球

谷神星

冥王星的直径还不到中国南北宽度的一半。

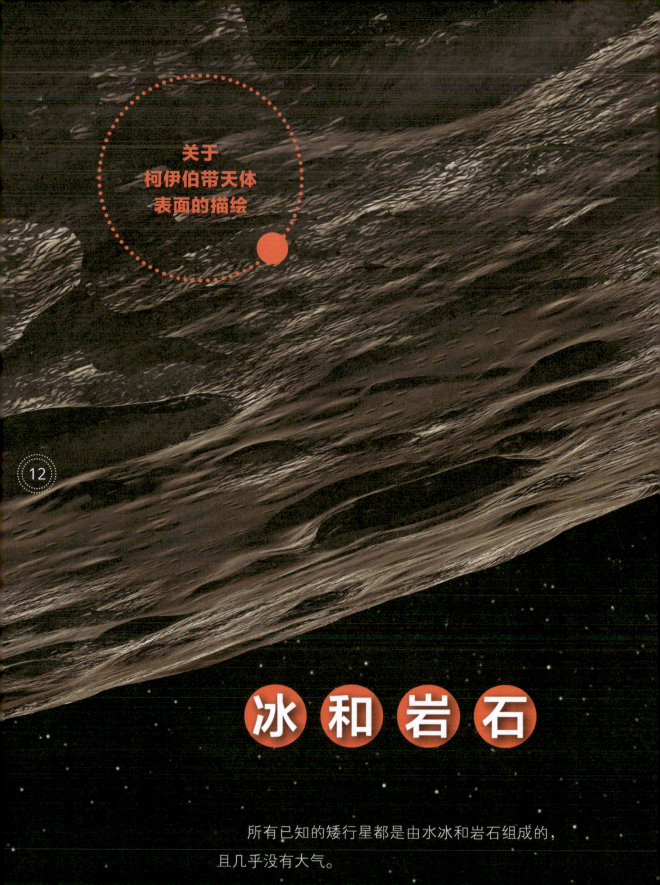

关于
柯伊伯带天体
表面的描绘

12

冰 和 岩 石

所有已知的矮行星都是由水冰和岩石组成的，
且几乎没有大气。

天文学家们经常把冥王星当作矮行星的代表。冥王星的密度比地球小，它可能有一个由固体岩石和一些金属组成的不大的核，上面包裹着一层厚厚的水冰。与地球的岩石相比，冥王星水冰的紧密程度要低得多。

科学家们对谷神星的构成也有了很多了解，这颗矮行星与小行星主带的其他小行星有很多共同之处，比如由水冰和岩石组成。科学家们已经开始通过一些空间探测器研究包括谷神星在内的几个主带小行星。

柯伊伯带之王

冥王星是柯伊伯带中已知的最大天体，所以它有时被称为"柯伊伯带之王"。冥王星的直径不到地球直径的1/5，比太阳系中所有的行星和一些卫星的直径都要小。

冥王星和太阳系的其他天体都形成于大约46亿年前。科学家们认为，在冥王星刚形成不久，一个较大的天体曾经撞击过它。这次撞击产生的碎片形成了围绕冥王星运行的卫星，其中就包括它最大的卫星卡戎（即冥卫一）。

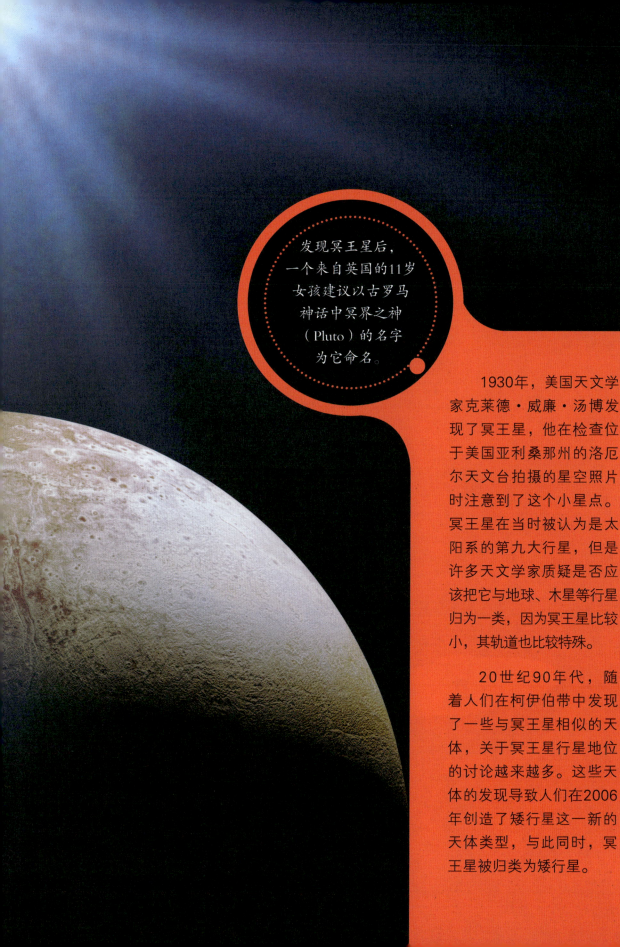

发现冥王星后,一个来自英国的11岁女孩建议以古罗马神话中冥界之神(Pluto)的名字为它命名。

1930年,美国天文学家克莱德·威廉·汤博发现了冥王星,他在检查位于美国亚利桑那州的洛厄尔天文台拍摄的星空照片时注意到了这个小星点。冥王星在当时被认为是太阳系的第九大行星,但是许多天文学家质疑是否应该把它与地球、木星等行星归为一类,因为冥王星比较小,其轨道也比较特殊。

20世纪90年代,随着人们在柯伊伯带中发现了一些与冥王星相似的天体,关于冥王星行星地位的讨论越来越多。这些天体的发现导致人们在2006年创造了矮行星这一新的天体类型,与此同时,冥王星被归类为矮行星。

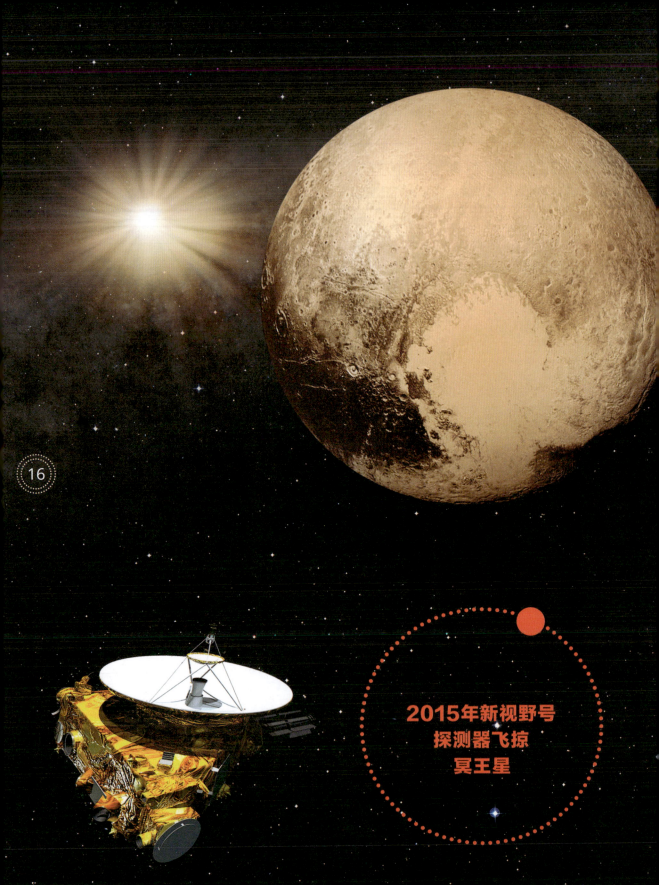

模糊的微红色圆盘

冥王星离地球最近时大约43亿千米,这个距离是如此遥远,以至于通过地球上最强大的望远镜,冥王星看起来也仅仅是一个模糊的微红色圆盘。即使在地球大气层外并且使用十分先进的哈勃空间望远镜,也只能拍到冥王星的模糊图像。

但是在2015年,新视野号探测器从冥王星附近飞掠而过,其拍摄到的图像显示,冥王星的赤道附近有红色、无冰的斑块,这些斑块被明亮的心形区域分隔开,科学家们认为这个地区覆盖着冰冻的氮。在这颗矮行星的其他地方,水冰巨块组成的高山覆盖着"甲烷雪"。

冥王星赤道附近的暗红色区域有许多陨石坑,其中一些直径达260千米左右。某些陨石坑有被侵蚀的迹象,这表明流动的冰正在慢慢重塑冥王星的表面。冥王星最明亮的区域没有明显的陨石坑,科学家们认为是流动的冰将它们侵蚀掉了。关于冥王星的一些图像显示,这颗矮行星上可能有冰火山,它会喷发出一种由水冰和冰冻氮组成的冰冷的混合物。

冥王星和太阳

冥王星的奇怪轨道

是大多数天文学家认为它不是行星的原因之一。和太阳系八大行星的运行轨道相比，冥王星绕太阳运行的轨道更像椭圆。

和太阳系的轨道平面相比，冥王星的轨道是倾斜的。太阳系的轨道平面也叫黄道，我们可以把它想象成盘子，围绕太阳公转的八大行星就像绕着盘子中心转的球。因为冥王星的**轨道是倾斜的**，所以冥王星有时在黄道的上方运行，有时在黄道的下方运行。

冥王星冰冻表面及其卫星卡戎和太阳

冥王星**距离太阳非常远**，以至于需要约248个地球年才能绕太阳公转一圈。每次公转过程中大约会有20个地球年，冥王星比最外侧的行星（即海王星）更靠近太阳。上一次出现这种情况是在1979年到1999年，下一次将出现在2227年左右。

站在冥王星上仰望天空，太阳就像一个亮点。在冥王星上看到的太阳就像在**地球上看到的满月**一样亮。

冥王星绕其自转轴旋转的速度比地球慢得多，大约每6个地球日转完一周。冥王星的自转轴也是倾斜的，所以它也是**侧着旋转的。**

冥王星和地球的对比

冥王星的直径大约为2 400千米，还不到地球直径的 **1/5**。

冥王星**与太阳的平均距离**约为58亿千米，而地球与太阳的平均距离仅约为1.5亿千米。这意味着冥王星到太阳的距离是地球与太阳之间距离的40倍左右。

冥王星围绕太阳公转一周大约需要248个地球年。这意味着**冥王星上的一年大约是248个地球年**，而地球上的一年大约是365天。

3

冥王星有一层**薄而朦胧的大气**，其中含有氮、甲烷和一氧化碳等。它的大气呈浅蓝色并且有明显的雾霾层，相比之下，地球的大气主要由氮、氧和氩等组成。

冥王星上的重力是地球的1/15左右。所以，如果一个人在地球上重45千克，那么在冥王星上大约重3千克。

已知冥王星有**5颗卫星**，没有环。地球也没有环，但它只有一颗卫星。

冥王星上的一天（也就是从一次日出到下一次日出的时间）大约6.5个地球日或者说153个小时左右。这可比地球上的一天（24小时）要长得多。

最冷的地方

22

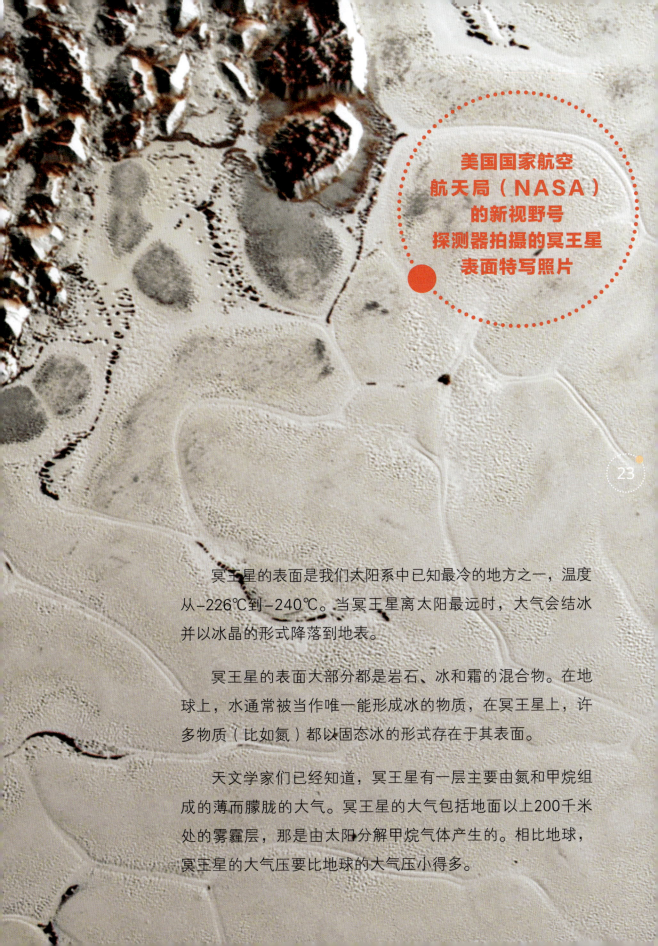

美国国家航空航天局（NASA）的新视野号探测器拍摄的冥王星表面特写照片

冥王星的表面是我们太阳系中已知最冷的地方之一，温度从-226℃到-240℃。当冥王星离太阳最远时，大气会结冰并以冰晶的形式降落到地表。

冥王星的表面大部分都是岩石、冰和霜的混合物。在地球上，水通常被当作唯一能形成冰的物质，在冥王星上，许多物质（比如氮）都以固态冰的形式存在于其表面。

天文学家们已经知道，冥王星有一层主要由氮和甲烷组成的薄而朦胧的大气。冥王星的大气包括地面以上200千米处的雾霾层，那是由太阳分解甲烷气体产生的。相比地球，冥王星的大气压要比地球的大气压小得多。

冥王星的兄弟

冥王星已被发现有5颗卫星，分别是卡戎（冥卫一）、尼克斯（冥卫二）、许德拉（冥卫三）、科伯罗司（冥卫四）和斯蒂克斯（冥卫五）。卡戎是冥王星最大也是最著名的卫星，直径约为1 200千米，差不多是冥王星直径的一半！

冥王星和它最大的卫星——冥卫一卡戎

冥卫一的直径和美国得克萨斯州的宽度差不多一样。

冥卫一与冥王星围绕着冥王星之外的一个点运行，天文学家把两个天体共同绕转的点叫作质心。正因为如此，冥王星和冥卫一通常被称为双矮行星。

冥王星和冥卫一互相被潮汐锁定，这意味着它们始终以同一面朝着对方。冥卫一的轨道离冥王星很近——只相距大约19 600千米，绕冥王星一圈需要6.4个地球日左右。

冥卫一被发现于1978年，当时美国天文学家詹姆斯·克里斯蒂和罗伯特·哈林顿发现了一个绕冥王星运行的大天体，并把它命名为卡戎。这个名字来自古希腊和古罗马神话，作为渡河的船夫，卡戎把亡灵送到冥王统治的地狱。

冥卫四科伯罗司

冥王星的其他卫星

冥王星的其他4颗卫星（许德拉、尼克斯、科伯罗司和斯蒂克斯）都比卡戎小得多。这4颗比较小的卫星直径都小于65千米，它们的形状也都是不规则的，不像冥卫一是球形的。

冥卫三许德拉

冥王星和它的5颗卫星

※此图仅作简单的位置示意。

科学家们认为，冥王星的5颗卫星是在数十亿年前形成的，当时这颗矮行星与另一个较大的天体发生了碰撞。在地球历史的早期，地球和一个较大的天体可能也发生了类似的撞击，从而形成了地球的卫星（即月球）。

天文学家们在1978年首次发现了冥卫一，之后天文学家们使用哈勃空间望远镜又发现了另外4颗绕冥王星运行的卫星。冥卫三许德拉和冥卫二尼克斯是人们在2005年发现的，冥卫四科伯罗司发现于2011年，到2012年人们发现了冥卫五斯蒂克斯。

冥卫二尼克斯

冥王星

冥卫一卡戎

冥卫五斯蒂克斯

冥王星4颗较小的卫星都旋转得非常快，并且会像旋转的陀螺一样摆动。冥卫三许德拉旋转得最快，每绕冥王星一周就旋转89次。科学家们认为冥王星曾经有超过5颗卫星，至少有两颗卫星是在两个较小的岩石天体合并时形成的。

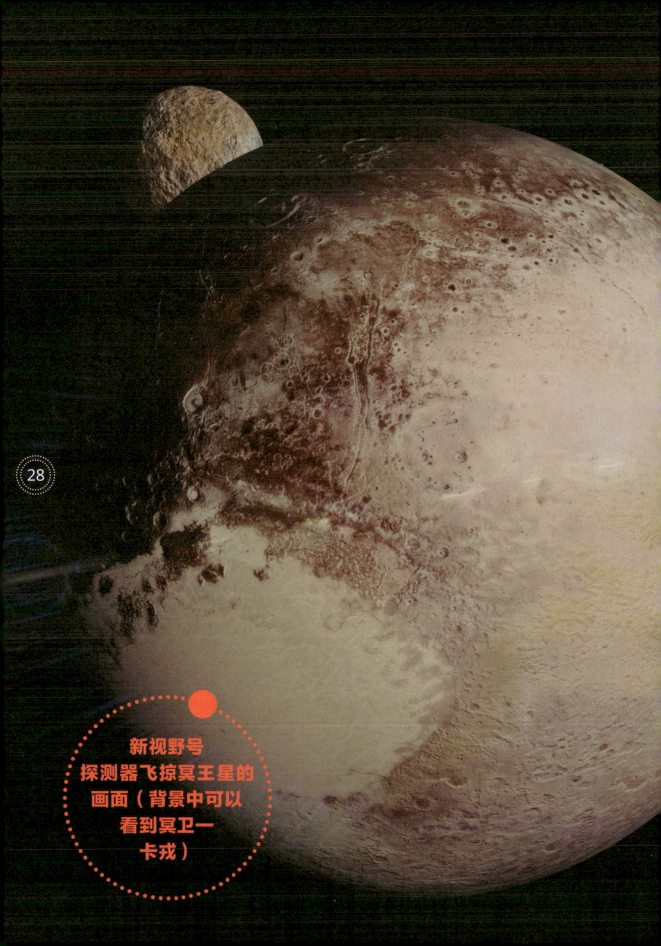

新视野号探测器飞掠冥王星的画面（背景中可以看到冥卫一卡戎）

探索冥王星

目前，只有一个来自地球的空间探测器访问过遥远的冥王星。2006年1月，美国国家航空航天局（NASA）发射了第一个研究冥王星的探测器新视野号。2015年，新视野号探测器飞抵冥王星附近，最近时距离冥王星仅约1万千米，距离冥卫一卡戎最近时也仅约2.7万千米。

在飞掠过程中，新视野号的相机拍摄了冥王星及其5颗卫星的清晰图像，还研究了这颗矮行星的地形和大气。根据新视野号对冥王星上气体的探测，科学家们认为这些气体逃逸到太空中，给这颗矮行星留下了彗星般的"尾巴"。新视野号还发现，在冥王星的表面之下可能有一片由液态水构成的海洋。

新视野号彻底改变了科学家们对冥王星的认识，从此这颗矮行星有了第一张近距离照片。在此之前，科学家们只能在地面或太空望远镜拍摄的照片中，把冥王星作为一个暗淡的、模糊的点来研究。

天文学家们认为谷神星可能是由许多比较小的天体碰撞并聚合在一起形成的。但是，来自附近木星的引力阻止了更多的物质聚合到谷神星上。因此，谷神星从未"发育"到行星的大小。

谷神星

谷神星是一颗冰冷的天体，自1801年人们发现它以来，所属类别几经变化。它是人们在火星和木星轨道之间的小行星主带发现的第一个天体，也是这里唯一的矮行星，而其他已知的矮行星都位于柯伊伯带。

天文学家们曾认为谷神星是一颗行星，然而后来人们发现了越来越多类似的天体，最终它们都被归类为小行星。自2006年以来，科学家们又将谷神星归类为矮行星。

谷神星在火星和木星之间运行，因此位于水星、金星、地球和火星等带内行星之外。它每4.6个地球年围绕太阳公转一周，和太阳的平均距离约为4.14亿千米。谷神星距离火星大约1.86亿千米，距离木星3.65亿千米左右，因此它的轨道更接近火星而不是木星。

31

谷神星在围绕着
太阳运行

谷神星和地球的对比

谷神星**没有卫星**或者环，而地球只有一颗卫星，但也没有环。

谷神星**围绕太阳运行**的平均距离是4.14亿千米左右，而地球到太阳大约1.5亿千米。也就是说，谷神星到太阳的距离几乎是地球到太阳的3倍。太阳光到达谷神星需要约22分钟，而来到地球只需约8分钟。

谷神星的直径在最长处（即赤道）约960千米，在最短处（即南北两极）则约932千米。它的直径不到月球直径的1/3，**地球的赤道直径约是它的13.3倍。**

谷神星是太阳系中**一天时间最短**的天体之一。谷神星上的一天——也就是从一次日出到下次日出的时间——大约是9小时。相比地球的一天（24小时），谷神星一天的时间短得多，甚至还不到地球的半天。

谷神星上几乎没有**大气**，但有证据表明，水蒸气有时会逃逸出去。科学家们认为，水蒸气可能来自被小天体撞击时溅出的冰。

谷神星大约每4.6个地球年围绕太阳公转一周。这意味着**谷神星上的一年**需要1 682个地球日左右。

发现谷神星

谷神星是意大利天文学家朱塞普·皮亚齐在1801年首次发现的，他以古罗马神话中的谷物和丰收女神的名字对这个天体进行了命名。皮亚齐追踪了谷神星几个星期，但后来在太阳的强光下找不到它了。

1801年秋天，德国数学家卡尔·弗里德里希·高斯预测了天文学家们应该在天空中的什么位置再次找到谷神星。几个月后，一位名叫海因里希·威廉·奥伯斯的德国天文学家找到了谷神星。

1802年，英国天文学家威廉·赫歇尔创造了"小行星"一词，用来指谷神星和同年发现的另一个天体（即智神星，小行星主带中第二大的小行星）。"小行星"这个词来自希腊语，意思是像星星一样。

天文学家在谷神星所在的区域还发现了其他大型天体，比如婚神星和灶神星。到19世纪晚期，天文学家们已经发现了数百颗小行星。发现小行星最多的区域被天文学家们称为小行星主带。

作为矮行星的谷神星在火星和木星之间的小行星主带运行

暗淡且多坑的世界

谷神星曾经被认为是最大的小行星，也是**小行星主带中唯一的矮行星**。它的质量约相当于主带中所有其他小行星质量总和的1/4。即便如此，谷神星的直径还不到月球直径的1/3。

谷神星的**表面非常暗淡**，但上面有一些小亮斑。

谷神星看起来像一个**略微被压扁的**球体。

谷神星是一个表面**坑坑洼洼**的天体。这些陨石坑是小行星主带中其他小行星与谷神星相撞时形成的，其中一些撞击非常剧烈，以至于从谷神星表面抛射出大量物质。这种撞击产生的热量也会使地面以下的冰融化。

谷神星暗淡的表面

谷神星的亮斑

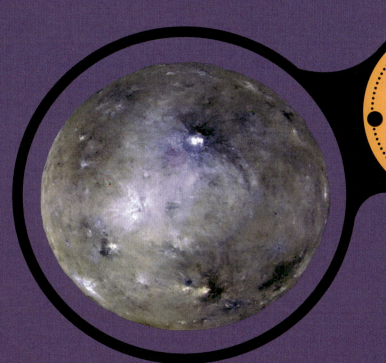

谷神星上有许多比它暗淡表面更亮的斑点。科学家们认为这些亮斑是沉积在谷神星表面的盐。

科学家们注意到，有超过300个亮斑出现在谷神星的陨石坑中。也许当较小的小行星撞击谷神星表面时，撞击的力量使下面的一层水冰融化了。虽然谷神星的表面遍布岩石，但它的内部可能保存着大量的水冰。当这些水冰被撞击而融化时，其中一些水会出现在谷神星表面。

谷神星上没有真正的大气。当水到达表面时会立即蒸发（变成气体）并逃逸到太空中，但水中的盐和矿物质会留下来，这些盐沉积物形成了谷神星表面的亮斑。科学家们认为，产生这些亮斑的过程可能至今仍在改变着谷神星的面貌。

研究谷神星

截至目前，美国国家航空航天局（NASA）的黎明号空间探测器是唯一访问过谷神星的探测器。事实上，黎明号是第一个访问并进入矮行星轨道的探测器。

美国国家航空航天局（NASA）在2007年发射了黎明号探测器，用于研究谷神星和灶神星（小行星主带中的第三大小行星，仅次于谷神星和智神星）。通过研究这些天体，科学家们希望更多地了解太阳系早期的情况，以及行星是如何形成的。在2011年至2012年期间黎明号围绕灶神星飞行，之后继续前往谷神星并于2015年到达谷神星附近。

黎明号探测器在环绕谷神星的轨道上运行

黎明号探测器获得了许多惊人的发现。除了很多亮斑，谷神星上还有一座高约5千米的阿胡那山，这座山是谷神星上最高的山，陡峭的山坡上有光滑明亮的条纹，这些条纹可能是盐沉积物。黎明号还发现谷神星内部有大量的水冰，并观测到由谷神星向太空中冒出的水蒸气。

　　黎明号探测器在2018年停止工作前一直在研究谷神星。任务控制人员认为它已经耗尽了用来保持天线指向地球的燃料，在与黎明号失去联系后不久，美国国家航空航天局（NASA）就结束了黎明号的任务。现在，不工作的探测器仍然在谷神星的轨道上运行着。

遥远的阋神星

阋神星是一颗围绕太阳运行的矮行星，位置远在海王星的轨道之外。**阋神星的轨道**比冥王星的轨道还要更像椭圆。

阋神星是已知矮行星中**第二大**的，几乎和冥王星一样大。但是，阋神星和冥王星都比地球的卫星——月球小一点儿。

刚发现阋神星时，一些天文学家认为它是太阳系的**第十颗行星**，因为冥王星当时还是公认的第九大行星。但是，后来阋神星与冥王星及太阳系中其他类似的天体一样，被归类为矮行星。

阋神星绕太阳转一周需要557个地球年。当阋神星围绕太阳运行时，它大约每25小时完成一次自转。这意味着**阋神星一天的长度与地球的一天接近。**

阋神星是**最遥远**的矮行星。它与太阳的距离是56亿千米到145亿千米，这几乎是冥王星与太阳之间距离的3倍。

2005年初，天文学家发现了阋神星。他们以一个虚构的电视角色名为这个小星球命名，把它叫作齐娜。国际天文学联合会（IAU）将这颗新发现的天体临时命名为2003 UB313。2006年，天文学家将该天体重新命名为阋神星，以纪念古希腊神话中的混乱与冲突女神。

太阳照耀着遥远的阋神星

在太阳系中熠熠生辉

阅神星的表面是白色的并且具有非常强的光泽。事实上,它是太阳系中最亮的天体之一。

阅神星和冥王星一样,主要由水冰和岩石组成,但是没有明显的表面特征。相比之下,冥王星是红棕色的,有亮区和暗区,且有多种地形,包括丘陵和山脉。

阅神星的表面非常寒冷,温度在-217℃至-243℃之间。由于阅神星通常距离太阳非常遥远,因此大气会冻结并变成雪。当阅神星运行到距离太阳最近时,大气开始融化。

阅神星非常大以至于几乎小行星主带中的所有天体都能被它装进去。

阅神星的反射率高达96%，而冥王星仅约60%。

科学家们认为，阅神星之所以看起来如此洁白光亮，可能是因为它有由冰冻甲烷组成的稀薄大气。这种冰冻的大气可以形成薄薄的反射冰层。

阅神星和它的小卫星

阋神星和地球的对比

和地球一样，阋神星只有**一颗卫星**，没有环。

阋神星**围绕太阳运行**的距离在56亿千米到145亿千米之间，而地球绕太阳运行的距离约为1.5亿千米。也就是说，阋神星到太阳的距离最少是地球到太阳距离的约37倍。

2/3

阋神星的直径
约为2 350千米，大约是月球直径的2/3。

阅神星的一天——也就是从一次日出到下一次日出的时间——大约是25小时,这比地球上的一天(24小时)长一小时左右。

阅神星有一层由冰冻甲烷组成的稀薄**大气**。天文学家认为,大气冰冻是因为这颗矮行星距离太阳太远,甚至是冥王星到太阳距离的3倍。但随着阅神星在轨道上运行到靠近太阳的位置,大气开始融化。

阅神星环绕太阳公转一周大约需要557个地球年。这意味着**阅神星的一年**大约需要557个地球年。

阋神星的小卫星

阋卫一是唯一绕着阋神星运行的卫星，这个小天体的公转轨道接近圆形，大约需要16天才能环绕阋神星运行一周。和阋神星一样，阋卫一也是柯伊伯带天体，直径大约为350千米~490千米。

阋卫一也是由发现阋神星的天文学家们找到的。2005年，天文学家们在发现阋神星后不久，就注意到阋神星有一颗卫星，于是，便以阋神女儿的名字迪丝诺美亚为其命名。在古希腊神话中，阋神的女儿是无法无天的恶魔女神。

这幅图展示的是阋神星和阋卫一，图中远处那个大亮点是太阳。

鸟神星

鸟神星是位于柯伊伯带中的一颗矮行星，2005年3月被天文学家发现。

2008年，国际天文学联合会（IAU）正式将该柯伊伯带天体归类为矮行星，并把它命名为鸟神星。鸟神是南太平洋复活节岛拉帕努伊人神话中的主神。

鸟神星的直径约为1430千米，比冥王星和阋神星都小。它也有像这两颗矮行星一样**光亮的表面**，也有微红的颜色，并且可能有冰冻的甲烷大气。

鸟神星围绕太阳公转的轨道是椭圆形的，和太阳的平均距离约为68亿千米，因此它**距离太阳很远**。

鸟神星和冥王星以及大多数其他矮行星一样，都位于海王星轨道之外。因此，鸟神星也被称为**类冥天体**。

2016年，天文学家宣布在鸟神星的强光下**发现了一颗卫星**。这颗直径约160千米的卫星被昵称为MK2，与鸟神星相距约21 000多千米。

鸟神星和它的卫星

妊 神 星

妊神星是第五颗被命名的矮行星，也是**第三大**矮行星，只有冥王星和阋神星比它大。这颗类冥天体大部分时间都运行在海王星轨道之外。

妊神星的轨道是椭圆形的，有时候它距离太阳比冥王星更近。妊神星围绕着它的自转轴快速地旋转，大约每4小时就自转一周。因此，妊神星上的一天大约是地球上的4小时，它是**太阳系中一天时间最短**的天体之一！

妊神星围绕太阳公转一周需要**285**个地球年，因此它的一年是285个地球年。

妊神星与冥王星差不多一样宽，但妊神星更像椭圆，像一个美式足球或英式橄榄球。妊神星比冥王星长，它是矮行星中**球形程度最小**的。

妊神星的直径约为2 322千米，约为地球直径的1/5。

妊神星的发现者最初将其命名为"圣诞老人",因为他们是在圣诞节之后的几天发现这颗矮行星的。

天文学家在2003年首次发现妊神星,并以美国夏威夷地区神话里的妊神为其命名。2009年,天文学家在妊神星上发现了**一个暗红色的斑**,他们认为这可能是一个陨石坑。

妊神星有一个**非常光亮的表面**,所以天文学家们认为它被一层冰覆盖着。又因为这颗矮行星旋转得非常快,所以天文学家们认为它主要是由岩石组成的。

两颗卫星和一个环

2005年，天文学家们发现了两颗环绕妊神星运行的小卫星。这两颗卫星叫作妊卫一（Hi'iaka）和妊卫二（Namaka），是以夏威夷女神妊神女儿的名字命名的。

妊卫一的直径约为310千米，是两颗卫星中较大的一颗，妊卫二则更小、更暗淡。这两颗被水覆盖的卫星被认为是妊神星与另一个天体在早期发生碰撞时形成的。

2017年，天文学家们发现妊神星有一个微弱的环，这使得妊神星成为到目前为止人们发现的唯一带光环的矮行星，也是太阳系中距离太阳最远的带光环天体。妊神星的薄环系统宽约69千米，由冰粒和碎石组成。

这幅图展示的是妊神星的薄环和它的两颗卫星——妊卫一（右）和妊卫二。

海王星之外：柯伊伯带

4颗已知的矮行星运行在海王星轨道之外的外太阳系，这个空间区域被称为柯伊伯带。天文学家认为，柯伊伯带还有许多其他球形天体符合矮行星的定义。

21世纪初，天文学家在柯伊伯带发现了两个大的球形天体——夸奥尔和塞德娜，它们可以被认为是矮行星。夸奥尔在2002年被发现，距离太阳大约76亿千米；塞德娜在2004年被发现，距离太阳大约130亿千米。

当然，对太阳系边缘的探索才刚刚开始。天文学家们认为，一旦柯伊伯带被全部探测清楚，矮行星的数量可能超过200个。2006年，美国国家航空航天局（NASA）发射了新视野号探测器，开始对柯伊伯带进行探索。

新发现的
类冥天体——位于
太阳系外缘的
塞德娜

冥王星之外

2015年，美国国家航空航天局（NASA）的新视野号探测器飞掠了冥王星。随后，美国国家航空航天局（NASA）重新调整探测器，使其与冥王星轨道之外的另一个小型冰质天体近距离相遇。2019年1月1日，新视野号飞掠了一个被称为2014 MU69的古老天体。该天体后来被正式命名为Arrokoth（中文名：天涯海角星），这个词在美洲原住民波瓦坦人的语言中是"天空"的意思。

天涯海角星是目前空间探测器观测过的最远的天体，运行在距离冥王星大约15亿千米的轨道上。它距离地球约65亿千米，其与太阳之间的距离是地球与太阳之间距离的43倍。

新视野号探测器飞掠天涯海角星

新视野号预计将探索外太阳系的其他遥远天体,直到21世纪30年代中期电力耗尽为止。

新视野号飞掠天涯海角星时,科学家们对它的外观感到困惑。探测器近距离观测时拍摄的照片显示,天涯海角星有一个淡红色的冰质表面,看起来像一个扁平的、淡红色的"雪人"。它独特的形状由两个裂片组成,可能是在太阳系形成早期的一次缓慢碰撞中聚合到了一起的。天涯海角星只有约34千米长。

词汇表

矮行星 在太空中围绕恒星运行的形状接近球形的天体,没有足够的引力将其他天体从其轨道上清除。

赤道 围绕在行星中间的假想圆。

大气 行星或其他天体周围的大量气体。

轨道 较小的天体在引力作用下围绕较大的天体运行的路径。例如,行星绕太阳运行的路径。

核 行星、卫星或恒星内部的中心区域。

彗星 围绕太阳运行的由尘埃和冰组成的小天体。

甲烷 由碳和氢元素构成的有机化合物,是天然气的主要成分。

柯伊伯带 在海王星以外的外太阳系中运行的大量冰质天体组成的带状区域。科学家们认为,很多彗星是来自柯伊伯带的天体。

矿物 在岩石中自然形成的物质,如锡、盐或硫。

类冥天体 位于海王星轨道之外的矮行星。

密度 物质的一种基本属性,描述了物质单位体积内的质量。

侵蚀 岩石或其他物质从一个地方的表面脱落并移动到另一个地方的自然过程。

水冰 科学家们用来描述冰冻的水,以区别于由其他化学物质形成的冰。

太阳系 以太阳为中心并受其引力影响使周边天体维持一定的规律运行形成的天体系统。

探测器 用于太空探索的无人驾驶设备,大多数探测器会将数据信息从太空传回地球。

天文学家 研究太空中恒星、行星和其他天体或空间力学的科学家。

望远镜 一种使远处的物体看起来更近、更大的仪器。简单的望远镜通常由一组透镜组成,但有时镜筒中有一个或多个反射镜。

卫星 太空中围绕另一天体（如行星）运行的人造或自然天体。人类发射人造卫星用于通信或研究地球和太空中的其他天体。

小行星 小行星是太阳系内围绕太阳运行的一类由岩石、金属或其他物质构成的小天体。

行星 围绕恒星（在太阳系内是太阳）运行的天体，它们具有足够大的质量以通过自身引力达到近似球体的形状，并且在围绕恒星运行的过程中能够清除其轨道附近区域的其他物体。

引力 由具有质量的物体之间的相互吸引作用产生的力。

陨石坑 行星或其他天体表面由较大天体撞击而形成的碗状凹陷。

自转轴 地球或其他天体围绕其自转的中心轴线。

趣味问答

1. _____ 是太空中围绕恒星运行的球形天体,它没有足够的引力来清空轨道上的其他天体。

2. _____ 是在海王星之外的外太阳系运行的、由大量冰质天体组成的环状区域。

3. 截至目前科学家们正式确认了多少颗矮行星?

4. 冥王星在什么时候被降级为矮行星的?

5. 位于海王星轨道之外的矮行星被称为_____。

6. 冥王星和这颗最遥远的矮行星是迄今为止发现的两颗最大的矮行星。两者都比月球小得多,这颗矮行星是?

7. 所有已知的矮行星都是由_____和岩石组成的,它们几乎没有大气层。

8. 冥王星有5颗已知的卫星,其中最大的是?

9. 美国国家航空航天局(NASA)的航天器中唯一一个访问冥王星的空间探测器是?

10. 在火星和木星轨道之间的小行星主带中，唯一已知的矮行星是？

11. 就像冥王星、阋神星和妊神星，已知的哪颗矮行星至少有一颗卫星？

12. 目前已知唯一有光环的矮行星是？

答案：
1. 矮行星
2. 柯伊伯带
3. 5颗
4. 2006年
5. 来真格行星
6. 阋神星
7. 水
8. 卡戎（冥卫一）
9. 新视野号探测器
10. 谷神星
11. 鸟神星
12. 妊神星

未经许可，不得以任何方式复制或抄袭本书之部分或全部内容。
版权所有，侵权必究。

 感谢World Book对本书的图文支持。

图书在版编目（CIP）数据

这里是太阳系. 冥王星和矮行星 / 世图汇编著.
北京：电子工业出版社, 2024.8. -- ISBN 978-7-121
-48532-9

Ⅰ. P18-49
中国国家版本馆CIP数据核字第2024FW3678号

责任编辑：董子晔
印　　刷：天津裕同印刷有限公司
装　　订：天津裕同印刷有限公司
出版发行：电子工业出版社
　　　　　北京市海淀区万寿路173信箱　邮编：100036
开　　本：889×1194　1/16　印张：40　字数：665千字
版　　次：2024年8月第1版
印　　次：2024年8月第1次印刷
定　　价：200.00元（全10册）

凡所购买电子工业出版社图书有缺损问题，请向购买书店调换。若书店售缺，请与本社发行部联系，联系及邮购电话：（010）88254888，88258888。
质量投诉请发邮件至zlts@phei.com.cn，盗版侵权举报请发邮件至dbqq@phei.com.cn。
本书咨询联系方式：（010）88254161转1865，dongzy@phei.com.cn。

OUR SOLAR SYSTEM

URANUS AND NEPTUNE

这里是
太阳系

天王星和海王星

世图汇 编著　雷雨潇 审

冰巨星

电子工业出版社
Publishing House of Electronics Industry
北京·BEIJING

目录

- 4 天王星和海王星：冰巨星
- 6 孤独的巨行星：天王星
- 9 天王星的发现
- 10 一颗蓝绿色的行星
- 12 大小和形状
- 14 天王星与太阳
- 17 天王星与地球
- 18 一颗冰冷的行星
- 20 一个倾倒的世界
- 22 浅条纹和"臭鸡蛋"云团
- 24 天王星上的气候
- 26 天王星有环
- 29 天王星的卫星
- 32 探索天王星

天王星

海王星

34	深蓝色的海王星	54	探索海王星
36	太阳系最外侧的行星	56	神秘的海卫一
38	海王星的发现	58	冰巨星上的生命
40	冰冷的双子星	60	词汇表
42	海王星的构成	62	趣味问答
44	海王星与太阳		
46	海王星上的天气		
48	海王星与地球对比		
50	海王星的环		
52	海王星的卫星		

※天文学家利用多种类型的照片来探究行星等宇宙天体。其中许多照片展现了这些天体的自然色彩,而有些则通过添加假色或展示人眼不可见的光谱来呈现,此外,人们还会根据已有的知识,借助想象力对这些天体进行艺术描绘。

天王星和海王星：冰巨星

在太阳系中，我们最遥远的邻居是巨行星天王星和海王星。在古代，人们对这些黑暗的世界一无所知。没有望远镜，天王星在夜空中几乎看不清，它看起来像一个微弱的光点。海王星作为太阳系最外侧的行星，没有望远镜根本看不见。

天王星（左图）和海王星（右图）是太阳系最外侧的两个巨大的、冰冷的世界。

天王星和海王星的外层大气主要由氢气和氦气构成，然而，天文学家们发现，这两颗行星的内部主要被更为沉重的物质所占据。具体来说，它们主要由一层厚厚的、冰冷且类似于泥雪的冰地幔所环绕，而这层地幔内部则隐藏着一个相对较小的岩石地核。因此，天文学家称天王星和海王星为冰巨星。天王星和海王星是太阳系中体积仅次于木星和土星的大行星。

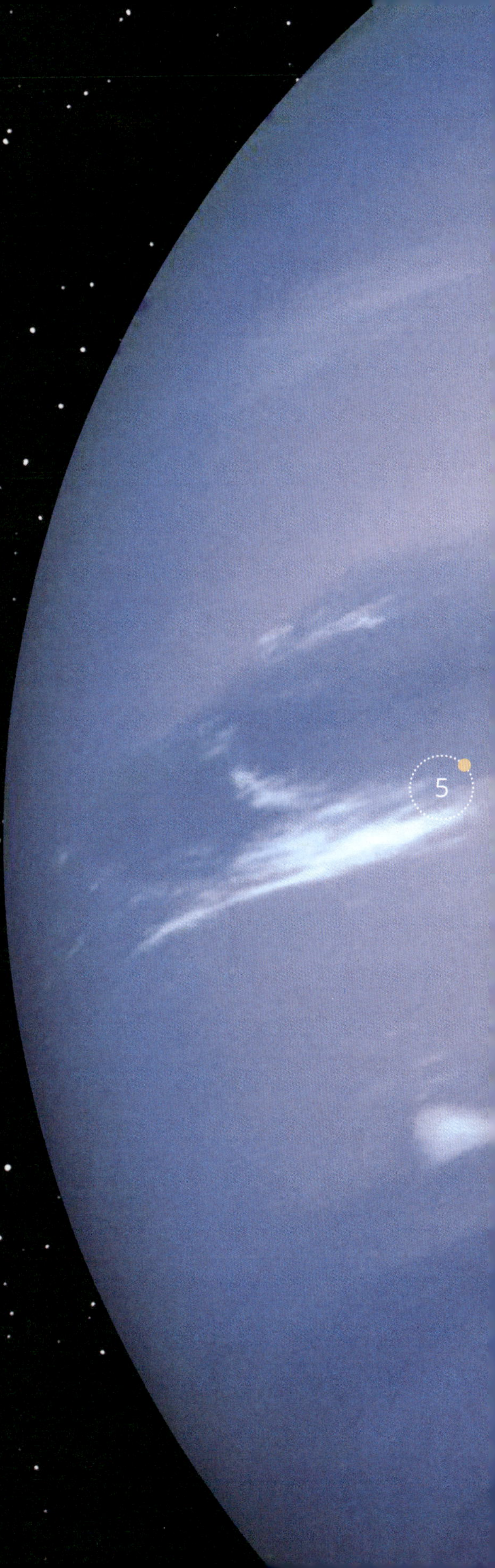

孤独的巨行星：天王星

天王星是**太阳系由内向外的第七颗行星**，它是太阳系的一颗带外行星。其他的带外行星是木星、土星和海王星。

旅行者2号空间探测器看到的天王星

天王星在太阳系中距离太阳太过遥远，以至于太阳光需要约2小时40分钟才能到达那里！

当一个人乘坐宇宙飞船掠过天王星时，将会看到一个**光滑的蓝绿色的球**被漆黑的宇宙空间包裹着。

天王星的绕日运行轨道在土星和海王星的绕日轨道之间。土星的轨道距离天王星最近，但两颗行星并不是真的很近。事实上，它们轨道之间最接近的地方的距离是地球和太阳之间距离的10倍！

威廉·赫歇尔和他的妹妹卡罗琳·赫歇尔

天王星的发现

古时候的人们并不知道天王星,这是因为即使在最晴朗的夜空也很难看到天王星。

1781年,英国的天文学家威廉·赫歇尔用一台望远镜第一次观察到天王星。一开始他以为发现了一颗新的彗星或者恒星,不久,他意识到这个星体一定是行星。赫歇尔的发现一直没有被接受,直到德国天文学家约翰·波得证实他发现的是一颗未知的行星。

赫歇尔希望将他发现的这颗新行星以英国国王乔治三世的名字命名为"乔治·西杜斯",但这个名字没有被天文学家们所接受。波得建议用古希腊神话或者古罗马神话里公众普遍认知的神的名字来为其命名。最终,古希腊神话中最早的天空之神乌拉诺斯的名字被人们接受了。

仅仅在这颗行星被发现的8年后,1789年被发现的放射性元素铀(Uranium)得名于天王星(Uranus)。

一颗蓝绿色的行星

用肉眼看，天王星就是天空中一个微弱的光点。当通过望远镜观察时，天王星是一个小小的浅浅的从蓝色渐变到蓝绿色的圆盘。

天王星的大气层主要由氢和氦组成，其中还混有少量的甲烷，以及微量的水和氨。正是这些甲烷使天王星呈现出蓝绿色。与木星和土星相比，天王星的表面显得更为色彩单一，没有它们那样明显的条纹和漩涡图案。

天王星的表面看起来完全被由冰冻甲烷的微小结晶组成的云所覆盖，这些结晶构成了天王星的大气。当阳光穿过大气层时，被云层顶部反射回来。甲烷云吸收了阳光中的红光，仅允许蓝光穿过，从而为天王星赋予了这种颜色。

在这张来自美国国家航空航天局（NASA）拍摄的图片里，天王星的背景是银河系。

大小和形状

天王星是太阳系的第三大行星,只有木星和土星的体积比它大。

天王星的赤道直径约为51 118千米,或者说略小于**土星直径**的一半。

1/2

天王星的直径比它的邻居海王星略大，然而，**天王星的质量比海王星略小。**

与太阳相比，天王星非常小，太阳的直径约为140万千米，这意味着横跨太阳的宽度能容纳**超过25颗天王星大小的行星**。

只有土星的密度比天王星小。密度是物质的质量除以体积（所占空间的大小）。天王星的密度大约是水的 **1.25 倍**，是地球密度的1/4左右。

天王星与太阳

天王星与太阳之间的距离随着时间的推移而变化,因为它的轨道是椭圆形的。

天王星与太阳的平均距离约为29亿千米,这是地球到太阳距离的19倍多!

天王星离太阳很远,它需要很长时间才能公转一周。天王星上的一年(也就是绕太阳公转一周的时间)约30 687个地球日,大约84个地球年。

天王星上的一天大约是17.25个小时——天王星绕它的自转轴旋转一周需要的时间。自转轴是一条穿过行星中心的假想的线。

然而，天王星表面的大部分大气层旋转得更快——南极附近的区域约每14小时旋转一次。

大多数行星，包括地球，自转和公转的方向相同。然而，天王星自转和公转的方向则相反，天文学家称之为逆向自转。金星是太阳系中仅有的另一颗逆向自转的行星。

天王星与地球

地球和天王星几乎没有共同之处。在大小上,天王星让地球显得很渺小。此外,地球基本上是一个固态的球体,被一层很薄的气体覆盖,天王星则是一个没有固体表面的气体球,而且地球上没有任何地方的温度像天王星顶部大气的温度那么低。

地球和天王星之间的距离是变化的,因为行星一直在运动。地球与天王星的最近距离约26亿千米,最远的距离约为32亿千米。

如果在地球旁边,天王星看起来就像一个巨人。地球的直径约为12 756千米,大约是天王星直径的1/4。

天王星能容纳超过60个地球

一颗冰冷的行星

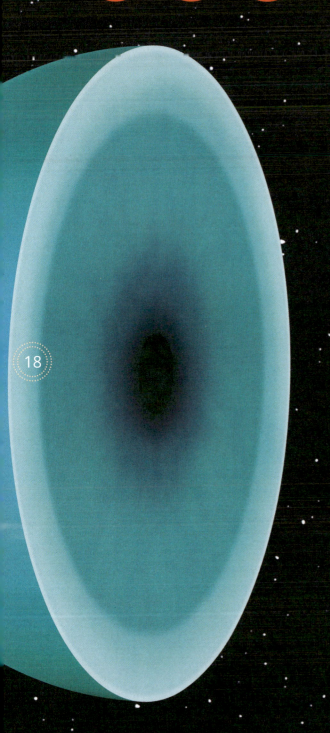

天文学家发现天王星是一个由气体和液体构成的巨大球体，它不像地球那样有一个固体的外壳。像土星一样，天王星的外层主要由氢气和氦气组成。这一层的顶部是由甲烷晶体形成的蓝绿色云团。

但天王星的大部分质量是由液体构成的，这种液体主要包括水、液态氨和甲烷冰。

在天王星的中心可能有一个和地球差不多大小的部分熔化的岩石地核。科学家认为天王星的地核温度可能高达7 000℃。

即使天王星有这样一个灼热的地核，它内部产生的热量也比其他气态巨行星要少。而且事实上，天王星向太空释放的热量和它从太阳接收到的热量一样多。

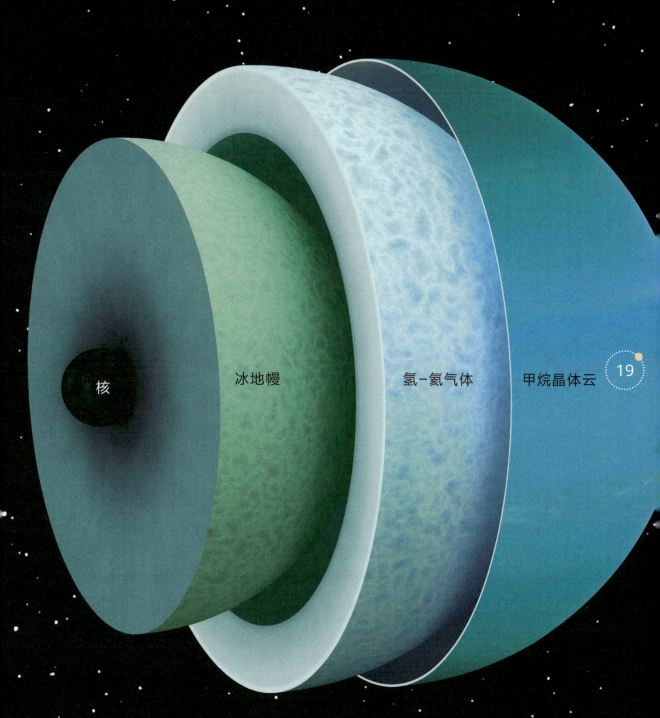

一个倾倒的世界

也许天王星和太阳系里其他行星之间最大的区别是天王星自转轴的倾斜角角度。天王星朝太阳的一侧倾斜得非常厉害，以至于它的赤道几乎是侧向的。这是一个倾倒的世界！

这是怎么发生的呢？一些天文学家认为，很久以前，有一颗可能比地球还要大的行星撞击了天王星并将其撞向一侧。因为天王星是一个主要由气体和液体组成的巨大球体，所以它或许不会碎成碎片——但它可能被打翻了！

另一些天文学家则认为，一颗巨大的卫星或一颗经过的行星的引力导致了这颗冰巨星的侧翻。

天王星独特的倾斜角形成了太阳系中最极端的季节，每个季节——春、夏、秋、冬——要持续近20个地球年。因为天王星的轴向太阳倾斜，所以太阳光直射到其中一个极地地区的时候该地区就是夏天，而另一个极地地区将在黑暗中经历漫长的冬天！

浅条纹和"臭鸡蛋"云团

从地球上看,天王星在太空中总是像一个淡蓝色的球,但是用更强大的新型望远镜拍摄的图像展示了天王星大气中的亮带,这些条纹和木星及土星上的很像。当一个区域内的气体因变暖而上升时,就会形成亮带,而其中较冷的气体下沉,就形成了暗带。

与其他行星相比,即使天王星的自转轴如此倾斜,这些微弱的条纹依然围绕它的赤道旋转。

直到1986年,天文学家才第一次观察到天王星上有微弱的云。天王星上云层的构成在很长一段时间内对天文学家来说都是个谜。2017年,天文学家通过分析天王星云层的反射光,确定了它们是由什么组成的。他们发现天王星上的云团是由硫化氢组成的——这种气体闻起来就像臭鸡蛋的气味!

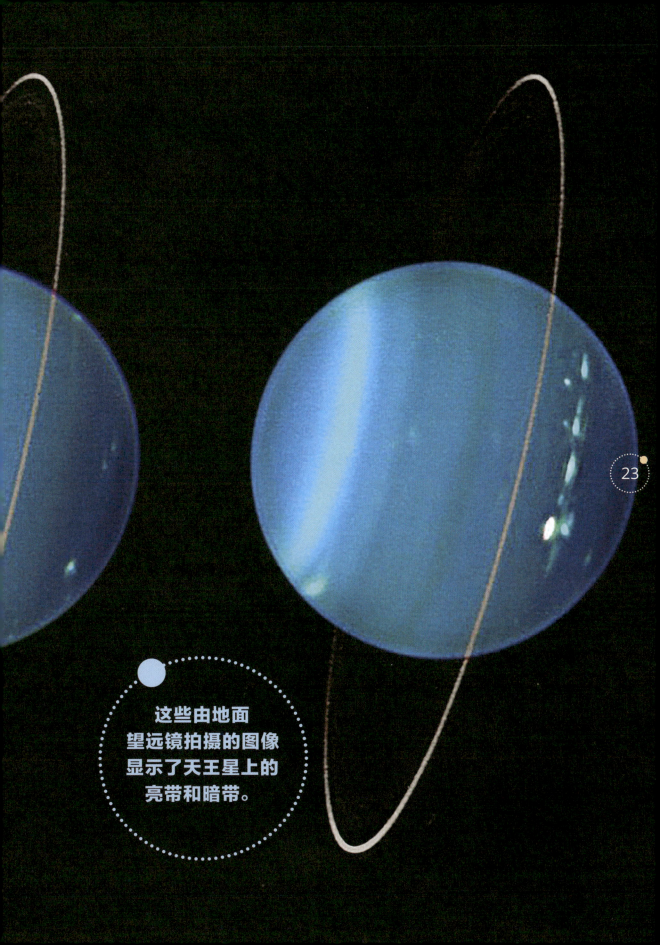

这些由地面望远镜拍摄的图像显示了天王星上的亮带和暗带。

天王星上的气候

天王星极端的倾斜角、它与太阳的距离,以及它漫长的公转周期,使得这颗冰巨星上出现了一些奇怪的天气。

在大多数行星上,赤道地区在一年中接收到的阳光最多。这使赤道上方的空气变暖,随后这些变暖的空气上升并移动到两极,而两极的冷空气下沉。这种穿越行星的大气运动推动了行星的天气变化。

但天王星的赤道几乎不会对着太阳,这表明天王星上的天气不是由太阳光引起的温度变化所驱动的。科学家们认为,天王星上的天气主要是由行星本身释放的热量驱动的。风将热量均匀地分散在整个天王星的大气中。

环绕天王星极地的风暴呈现出一个白色的亮点。

但天王星不是一个温暖的地方！这颗星球的平均温度为-197℃，且上层的大气更冷，科学家们在天王星的云层顶部测量到了-224℃的低温。

天文学家还发现了天王星上的风暴，这个风暴在天王星淡蓝色的表面看起来像一个暗淡的斑点，风速可能会超过每小时900千米！

天王星有环

1977年，在发现天王星的近200年后，天文学家们发现天王星有一个微弱的环系统。天文学家在天王星从一颗遥远的恒星前面经过时发现了这些光环，只有通过强大的望远镜才能观察到天王星周围的光环。

据天文学家统计，至少有13个环围绕着天王星。用小型的望远镜就能很容易地看到土星明亮的光环，与之不同的是，天王星的光环很薄且暗，这使得它们很难被看到。在天王星的大多数照片中都看不到其光环。

天王星光环的宽度从不到5千米到100千米不等,厚度通常不超过10米。

天文学家认为天王星的光环是由覆盖着一层碳的大冰块构成的。因为天王星的轴是倾斜的,所以它的赤道从上到下环绕着它,天王星的光环也是从上到下环绕着它的,而其他行星的赤道是从左到右环绕的。所以天王星与土星看起来不同的地方在于土星的光环就像一条美丽的大腰带而天王星则不是。

天王星光环的特写

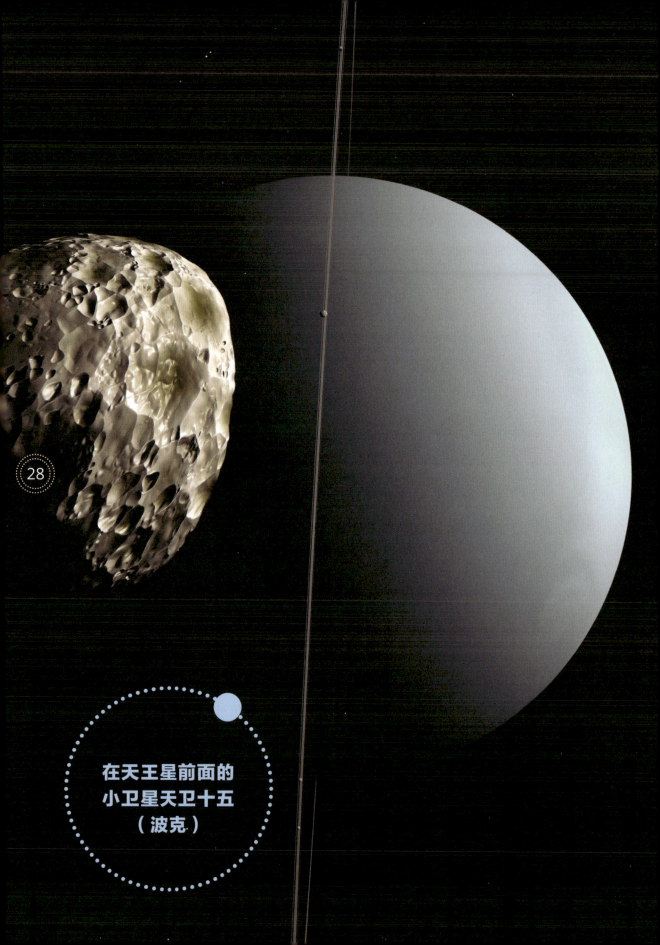

在天王星前面的小卫星天卫十五（波克）

天王星的卫星

人们已经发现天王星至少有27颗卫星，但可能还有更多没有被发现的卫星，天王星的大多数卫星都很小，表面布满了环形山。天王星没有像木星的木卫三和土星的土卫六那样的巨大卫星。

天王星的卫星天卫五是太阳系中最奇怪的天体之一。

天卫五有三个巨大的形状奇特的呈卵形的区域，每个卵形区域的外部看起来像一条跑道，它们的中心环绕着平行的山脊和峡谷，山脊和峡谷在中央相互交错。有些峡谷的深度是科罗拉多大峡谷的12倍。天卫五上另一个特征就是有一个巨大的V字形痕迹。

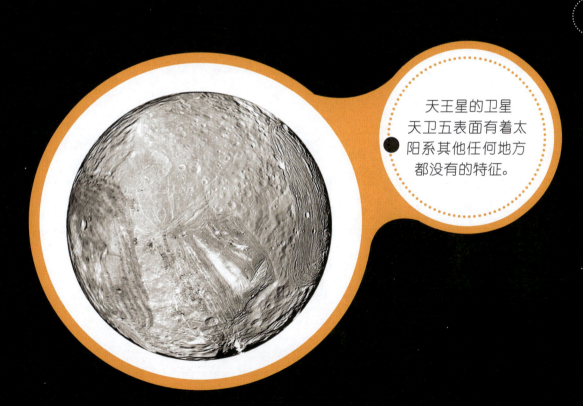

天王星的卫星天卫五表面有着太阳系其他任何地方都没有的特征。

天王星的卫星天卫六和天卫七被称为"牧羊卫星"。当它们围绕天王星运行时，它们的引力使天王星的微弱光环保持有序，防止光环的碎片"游离"到太空中。

天王星的卫星的命名与太阳系中其他行星的命名规则不同，这些卫星不是以古希腊或古罗马神话中神的名字命名的。

天王星的大多数卫星都是以英国剧作家威廉·莎士比亚作品中人物的名字命名的，包括《仲夏夜之梦》中的奥伯龙和泰坦尼亚、《奥赛罗》中的苔丝狄蒙娜、《哈姆雷特》中的奥菲利亚，以及《暴风雨》里的阿里尔和卡利班。

对天王星的
牧羊卫星的描绘

31

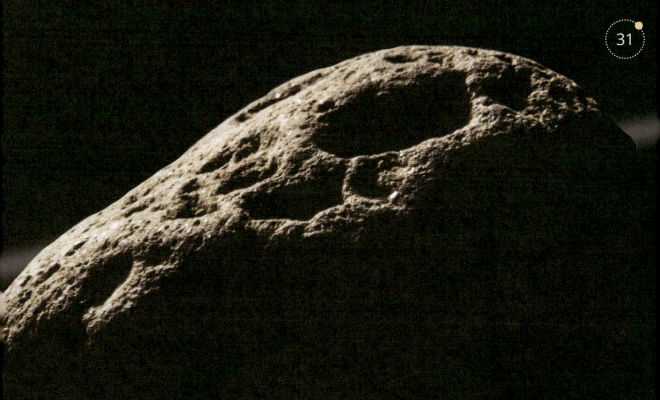

探索天王星

用望远镜观察时，遥远的天王星在太空中几乎是一个毫无特点的淡蓝色球体。迄今为止，只有一个来自地球的空间探测器造访过天王星。1986年，旅行者2号探测器从距离天王星约80 000千米的地方经过。该探测器于1977年由美国国家航空航天局（NASA）从地球发射，在到达天王星之前，它还研究过木星和土星。

旅行者2号探测器只花了6个小时研究天王星；但是它将所有数据信息传回了地球。旅行者2号探测到天王星周围有一个磁场，这是科学家以前所不知道的。旅行者2号还收集了大量关于天王星环的新信息。

旅行者2号发现了天王星周围10颗以前不为人知的卫星，还传回了天卫五的特写图像，显示出这是一个非常不寻常的天体。随后，旅行者2号继续观察遥远的海王星。

对旅行者2号探测器接近天王星时的描绘

2011年，美国国家航空航天局（NASA）的新视野号探测器在去研究冥王星的途中经过了天王星的轨道。然而，由于探测器距离天王星不够近，所以无法对其进行观测。

深蓝色的海王星

深蓝色的海王星是遥远而神秘的，它是太阳系中离太阳最远的行星，只能从太阳那里接收到少量的光和热。海王星距离太阳非常遥远，以至于海王星上正午的天空就像地球上日落时一样昏暗。

海王星是太阳系中唯一一颗不借助望远镜就无法从地面上看到的行星。当通过简易望远镜观察时，海王星在天空中是一个明亮的点，就像一颗恒星。

旅行者2号探测器拍摄的海王星的图像

在空间探测器或者更强大的的望远镜拍摄的照片中,海王星看起来像一个上面有着几缕白云的巨大的蓝色球体。

海王星的轨道位于它的邻居天王星的轨道之外。和天王星一样,海王星也是一颗冰巨星,我们所看到的海王星是由一层层云团组成的,在更深的地方,被压缩的气体形成了稠密的、泥状的液体,这些液体构成了这个星球的大部分。

太阳系最外侧的行星

冥王星

海王星距离太阳**是如此遥远**，以至于太阳的光线到达它大约需要4小时6分钟。

海王星**到太阳**的平均距离大约为45亿千米，海王星到地球的最近距离大约为43亿千米。

海王星是太阳系最外侧的行星，但有一些更小的天体的运行轨道离太阳**甚至更远**，比如一些彗星、矮行星和其他冰质岩石天体。

矮行星冥王星有一个离心率较大的椭圆形轨道，这条轨道每248个地球年从**海王星轨道内部**穿过。在大约20个地球年的时间里，海王星比冥王星距离太阳更远。但这两个天体的轨道错位使它们永远不会相撞。

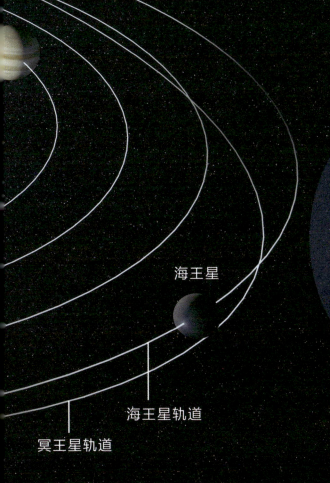

海王星

海王星轨道

冥王星轨道

海王星的发现

海王星是第一颗通过数学计算而不是通过天文观测发现的行星。

因为没有望远镜就无法在天空中看到海王星,所以在古代,人们并不知道这颗行星。意大利天文学家伽利略或许在1612年用一架简易望远镜看到了海王星,然而,当时他认为这个小光点可能只是一颗遥远的恒星。

19世纪，英国天文学家约翰·柯西·亚当斯和法国天文学家奥本·勒维耶注意到天王星的轨道发生了奇怪的变化。他们计算出，这些变化是由天王星外侧的另一颗行星的引力造成的。勒维耶试图利用这些计算结果来预测天空中这颗未知行星可能的位置。

德国天文学家约翰·格弗里恩·伽勒和达赫斯特依据这些预测，在1846年9月23日，用望远镜只搜索了30分钟就发现了海王星。他们在天空中看到的这颗行星的位置几乎与勒维耶预测的位置完全一致。

天文学家以古罗马神话中海神的名字来将这颗行星命名为海王星。这个名字很合适，因为这颗行星是深蓝色的，就像大海一样。

冰冷的双子星

海王星是外太阳系的两颗冰巨星之一,另一颗是天王星。海王星是太阳系中的第四大行星,仅次于木星、土星和天王星。

天王星只比海王星略大,如果将这两颗行星放在一起,需要仔细观察才能看出它们大小的区别。这两颗行星有相似的颜色、内部结构、质量和密度。天文学家有时把这两颗寒冷、遥远的天体称为"双子星"。

和天王星一样,海王星的内部也是由水、氨、甲烷构成的浓稠液体覆盖在地球大小的地核上。它的大气是由氢、氦和甲烷组成的。甲烷使海王星呈现出和天王星类似的蓝色,但是海王星是深蓝色的。

海王星

天王星

海王星的构成

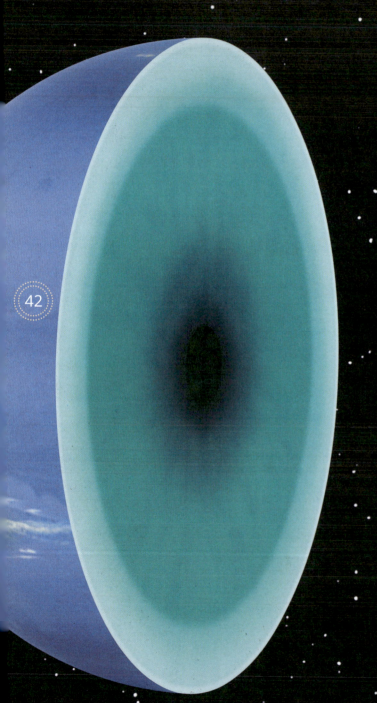

海王星主要由氢、氦、水、甲烷和氨构成。与地球不同,海王星没有固体表面,我们所看到的海王星是由一层层云团组成的,再下面有一层压缩气体。

在行星更深处被称为地幔的这层中,这些气体混合进了一层液体,一些科学家认为这层液体可能是过热的水。如果温度太高水会被蒸发掉,但是周围气体的压强使它保持液态。地幔内部极有可能是由冰和岩石构成的固态核。

海王星与太阳

像太阳系中的其他行星一样，海王星沿**椭圆形轨道**围绕着太阳旋转。然而，海王星的轨道与太阳系中其他大多数行星的椭圆形轨道相比，更接近于一个圆形。

由于海王星距离太阳太远了，以至于它绕太阳公转一周需要约60 190个地球日，相当于**165个地球年**！由于一年时间太长，海王星上的每一次新年隔得很久。

2011年，海王星完成了它自1846年被发现以来的第一次公转。

虽然海王星上的一年比地球上的一年长，但**海王星的一天**比地球上的一天要短得多。海王星的一天约相当于地球上的16小时7分钟，这是海王星绕其自转轴旋转一周所需的时间。海王星的一天较短，因为它的自转速度比地球快。

海王星有着和火星、地球类似的倾斜自转轴，这意味着海王星上的**季节**和地球上的类似。

海王星上的天气

海王星上是多云、多风且寒冷的，其外层云的平均温度是 $-215°C$。在海王星的高层大气中，厚厚的云层在快速移动，风以每小时约1 450千米的速度吹着这些云移动。

与其他巨行星上的风不同，海王星上的风朝着与行星自转方向相反的方向吹。海王星大气中最高层的云主要由冰冻的甲烷组成，天文学家已经观测到海王星上偶尔出现的剧烈旋转的气体形成的黑暗区域，这些极有可能是类似飓风的巨大风暴。

科学家们已经证实了海王星同样具有四季变化，这一特点与地球相似。然而，海王星的一个季节持续时间远超过地球，实际上会持续长达40多个地球年之久。

明亮的云带在海王星上快速移动。

海王星上云的
移动方向与行星
的自转方向
相反。

47

2011年，观测海王星的天文学家们将飘浮在海王星上方的一朵云命名为"滑行车"。这朵云大约每16小时就会绕星球旋转一圈。

海王星与地球对比

与地球相比,海王星会显得很大。如果海王星是中空的,大概需要**58个地球那么大**的行星才能把它装满。

海王星的赤道直径约为49 528千米。

差不多是地球赤道直径的**4倍**。

海王星的质量大约是地球质量的**17倍**。然而，它的平均密度只有地球的1.5倍左右，因为海王星主要由气体组成。

海王星**表面的重力**比地球略大。如果在地球上体重45千克，那么在海王星上的体重大约是51千克。

51

地球可以接收到很多来自太阳的热量，这些热量保证了地球是温暖的。但海王星位于太阳系的外缘，比起地球它只接收了很少的阳光。从地球上看，**太阳的亮度是从海王星上看的900倍。**

海王星的环

天文学家们直至1984年才确认海王星拥有环结构。当时,他们用望远镜观测到海王星从一颗遥远的恒星前方掠过,在穿越其环带时,海王星似乎经历了一次短暂的"眨眼"——先是一度变暗,随后又恢复亮度。这些光环异常纤细且暗淡,因此在多数海王星的照片中难以察觉。

据天文学家统计,至少有5个微弱的光环绕着海王星的赤道,这些环可能是由尘埃构成的。

海王星的环上还有部分尘埃团,称为弧,它比环的其他部分更明亮。科学家们认为,尘埃可能在这些区域更密集。

海王星的卫星之一海卫六就在最外层的环内绕海王星运行,它的引力可能导致尘埃聚集成圆环中3个明亮的弧。

海王星的卫星

海王星至少有14颗卫星，3颗最大的卫星是海卫一、海卫八和海卫二。海卫一是太阳系中较大的卫星之一，但海王星的其他卫星都比较小。

海王星的第二大卫星海卫八很暗，而且离海王星很近，天文学家们在地球上使用望远镜都看不到这颗小卫星，旅行者2号探测器在1989年访问海王星时发回了海卫八的照片。

海王星的第三大卫星是海卫二，它的轨道是太阳系所有卫星中离心率最大的。海卫八、海卫二和海王星的其他小卫星的直径都不到480千米。

海王星的卫星海卫十四在冰巨星海王星前面

2013年,一名科学家在研究哈勃空间望远镜2004年拍摄的海王星的图像时,发现了此前未知的海王星的第14颗卫星。2019年,该卫星被确认并命名为Hippocamp,是神话中海马的名字。

探索海王星

迄今为止，仅有一次太空任务探访过海王星。1977年，美国国家航空航天局（NASA）成功发射了旅行者2号探测器，在飞越天王星3.5年、访问土星8年、飞越木星10年后的1989年8月25日，该探测器在距离海王星表面约4 850千米处经过。

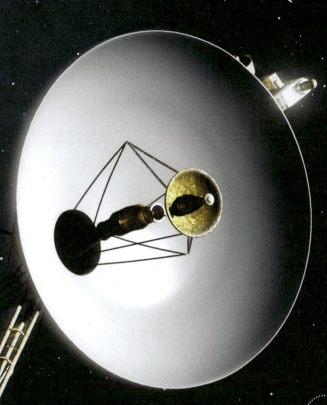

旅行者2号探测器造访海王星

旅行者2号探测器将大量关于海王星的信息传回地球,这极大地扩充了我们对海王星的认识。

该探测器在海王星周围发现了6颗新卫星,此前人们只发现了两颗卫星——海卫一和海卫二。天文学家在2002年和2003年利用更强的新型地面望远镜又发现了几颗卫星。旅行者2号探测器还证实了海王星微弱光环的存在。

神秘的海卫一

海卫一是海王星最大的卫星，它的直径约为2 700千米，是太阳系中较大的卫星之一，只有木星4颗最大的卫星，以及地球的卫星和土星的卫星土卫六比它大。

海卫一表面覆盖着粗糙的冰层。与土星的卫星泰坦一样（与太阳系中大多数其他卫星不同），海卫一也有大气层，它的大气主要由氮气构成。

海卫一是整个太阳系中最冷的地方之一，其表面温度约为-235℃。

海卫一也有间歇泉——有时从其表面下方喷出的液氮、甲烷和尘埃。它就像冰火山——这些喷射物的高度能达到约8千米，喷出的液体会立即结冰，像雪一样落在海卫一表面。

海卫一绕海王星运行的方向与海王星的自转方向相反，这就是为什么许多科学家认为海卫一原本是一个岩石体，在行星形成很久之后就被海王星的引力"俘获"了。海卫一的轨道正在慢慢靠近海王星，数十亿年后，海卫一可能分裂，在海王星周围形成一个新环。

海王星的卫星海卫一在这颗冰巨星的前面

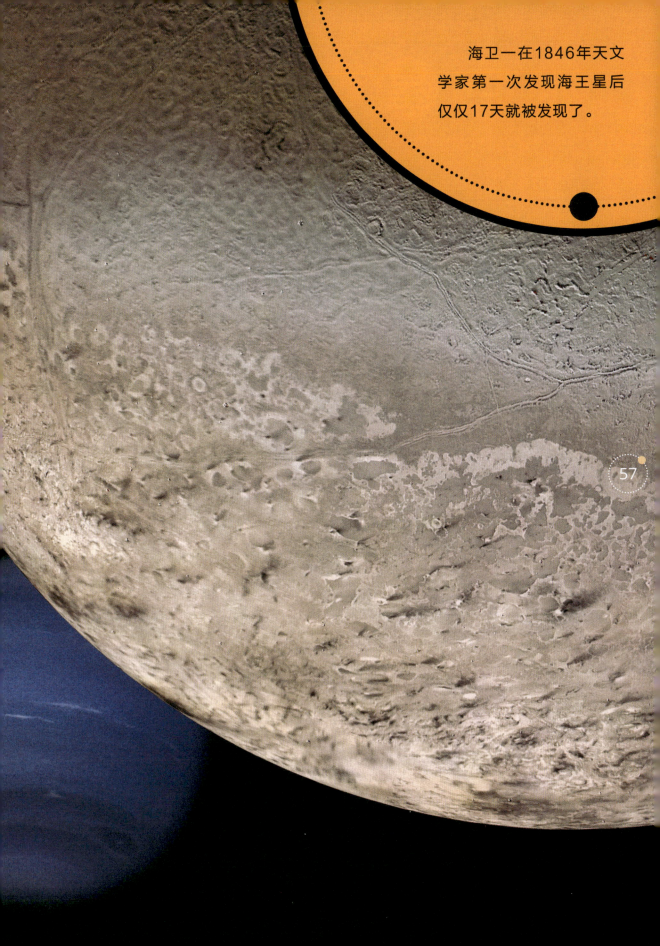

海卫一在1846年天文学家第一次发现海王星后仅仅17天就被发现了。

冰巨星上的生命

科学家们相信，在冰巨星天王星、海王星或它们的卫星上发现任何生命的可能性都极小。

据我们所知，构成这对双子星上大气层的气体都是对生物来说有毒的气体。此外，这些气体的压力非常大，会压碎任何生物。

最后，这些巨行星上的温度非常低——比地球上任何有生命存在的地方都要低得多。

海王星唯一有大气层的卫星是海卫一，但我们仍然很难想象在温度极低的海卫一上有生命存在，地球上最冷的地方——南极洲与寒冷的海卫一相比似乎都温暖许多。

除了地球，宇宙中其他的某些地方可能也有生命存在，但这些地方不太可能包括天王星、海王星以及它们附近的区域。

对寒冷的海卫一上的日出的描绘

词汇表

矮行星 在太空中围绕恒星运行的形状接近球形的天体,没有足够的引力将其他天体从其轨道上清除。

氨 一种由氮和氢构成的无机化合物,氨气是一种无色、由强烈刺激气味的气体。

赤道 围绕在行星中间的假想圆。

大气 行星或其他天体周围的大量气体。

地核 行星、卫星或恒星内部的中心部分。

地幔 地球或其他岩石行星位于地壳和地核之间的区域。

轨道 较小的天体在引力作用下围绕较大的天体运行的路径。例如,行星绕太阳运行的路径。

氦 一种轻质化学元素,是宇宙中第二丰富的元素。

恒星 宇宙中一种常见的天体,主要由氢、氦等元素构成,并通过核聚变反应在其核心释放出巨大的能量。

彗星 围绕太阳运行的由尘埃和冰组成的小天体。

极点 通常指南北极点,即南北纬度分别为90度的两点。

甲烷 由碳和氢元素构成的有机化合物,是天然气的主要成分。

密度 物质的一种基本属性,描述了物质单位体积内的质量。

氢 宇宙中最丰富的化学元素。在标准状况下,氢是密度最小、最轻的气体。

太阳系 以太阳为中心并受其引力影响使周边天体维持一定的规律运行形成的天体系统。

探测器 用于探索太空的无人驾驶设备,大多数探测器会将数据信息从太空传回地球。

碳 一种常见的化学元素,其固体通常为黑色。碳在植物和动物中以化合物的形式存在。

体积 物体所占用的空间。

天文学家 研究太空中恒星、行星和其他天体或空间力学的科学家。

望远镜 一种使远处的物体看起来更近、更大的仪器。简单的望远镜通常由一组透镜组成,但有时镜筒中有一个或多个反射镜。

卫星 太空中围绕另一天体(如行星)运行的人造或自然天体。人类发射人造卫星用于通信或研究地球和太空中的其他天体。

行星 围绕恒星(在太阳系内是太阳)运行的天体,它们具有足够大的质量以通过自身引力达到近似球体的形状,并且在围绕恒星运行的过程中能够清除其轨道附近区域的其他物体。

引力 由具有质量的物体之间的相互吸引作用产生的力。

质量 物体所具有的物质的量。

自转轴 地球或其他天体围绕其自转的中心轴线。

趣味问答

1. 在我们的太阳系中,哪颗行星距离天王星最近?

2. _____是第一个通过望远镜发现天王星的人。

3. 天王星大气层中的什么气体使这颗行星呈现蓝绿色?

4. 天王星围绕太阳运行一周约需要多少个地球日?

5. 天文学家认为很久以前,一颗地球大小的行星撞击了天王星,这对天王星造成了什么影响?

6. 天文学家是在哪一年发现了天王星有微弱的光环?

7. 天卫五有三个巨大的形状奇特的区域,这些区域呈什么形状?

8. 太阳发出的光到达海王星需要多长时间?

9. 哪颗矮行星有时会运行到海王星的轨道里面?

10. 天文学家第一次使用望远镜找到海王星是在哪一年?

11. 海王星围绕太阳运行一周约需要多少个地球日?

12. 海王星14颗卫星中最大的一颗是?

答案:
1. 土星
2. 美国天文学家帕西瓦尔·罗威尔
3. 甲烷
4. 约30687个地球日或84个地球年
5. 天王星可能被撞击了
6. 1977年
7. 冥状
8. 约4小时6分钟
9. 冥王星
10. 1846年
11. 约60190个地球日或165个地球年
12. 海卫一

未经许可,不得以任何方式复制或抄袭本书之部分或全部内容。
版权所有,侵权必究。

 感谢World Book对本书的图文支持。

图书在版编目(CIP)数据

这里是太阳系. 天王星和海王星 / 世图汇编著.
北京 : 电子工业出版社, 2024. 8. -- ISBN 978-7-121
-48532-9
Ⅰ. P18-49
中国国家版本馆CIP数据核字第20245YH356号

责任编辑:董子晔
印　　刷:天津裕同印刷有限公司
装　　订:天津裕同印刷有限公司
出版发行:电子工业出版社
　　　　　北京市海淀区万寿路173信箱　邮编:100036
开　　本:889×1194　1/16　印张:40　字数:665千字
版　　次:2024年8月第1版
印　　次:2024年8月第1次印刷
定　　价:200.00元(全10册)

凡所购买电子工业出版社图书有缺损问题,请向购买书店调换。若书店售缺,请与本社发行部联系,联系及邮购电话:(010)88254888,88258888。
质量投诉请发邮件至zlts@phei.com.cn,盗版侵权举报请发邮件至dbqq@phei.com.cn。
本书咨询联系方式:(010)88254161转1865,dongzy@phei.com.cn。

OUR SOLAR SYSTEM

ASTEROIDS, COMETS AND M

小行星、彗星和流星

世图汇 编著　王远明 审

这里是太阳系

电子工业出版社
Publishing House of Electronics Industry
北京·BEIJING

目录

4	太阳系的小小居民	24	星际访客
6	小行星并非行星	26	彗星
8	小行星长什么样	28	彗星的心脏
10	小行星的形状	30	定期回归
14	小行星的组成	32	柯伊伯带
16	近地小行星	34	奥尔特云
18	防御近地小行星	36	著名的彗星
20	研究小行星	38	探索彗星
22	隼鸟2号探测小行星	40	登陆彗星

彗星

- 43 撞击彗星
- 44 历史与民间传说中的彗星
- 46 流星——来自太空的访客
- 48 陨石的种类
- 50 寻找陨石
- 52 陨石来自哪里
- 55 通古斯大爆炸
- 56 流星雨
- 58 俄罗斯超级火球
- 60 词汇表
- 62 趣味问答

※天文学家利用多种类型的照片来探究行星等宇宙天体。其中许多照片展现了这些天体的自然色彩,而有些则通过添加假色或展示人眼不可见的光谱来呈现。此外,人们还会根据已有的知识,借助想象力对这些天体进行艺术描绘。

太阳系的小小居民

大多数人对太阳系内的行星都十分熟悉，它们中的大多数在夜空中可见，甚至不需要使用望远镜就能看到。不过太阳系中也存在许多更小的"居民"，它们虽然不是行星，但是丝毫不比行星逊色，它们就是小行星、彗星和流星。

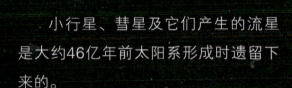

小行星、彗星及它们产生的流星是大约46亿年前太阳系形成时遗留下来的。

虽然行星在绕太阳旋转的亿万年中改变了很多，但大部分小小的冰块、岩石和金属并没有发生太大变化，它们就是记录太阳系的化石！

对太阳系里的岩石邻居（包括小行星）的描绘

许多小行星都是以古希腊和古罗马神话中的人物命名的。然而，发现新小行星的人可以用普通人的名字来命名小行星，比如以著名的科学家、演员、作家、航天员、音乐家或教师的名字来命名。

1971年，一位天文学家用他家猫的名字斯波克先生（即热门电视剧《星际迷航》中虚构的角色）命名了一颗小行星。这个名字一直沿用至今，但负责监督天体命名的国际天文学联合会认为如今小行星不适合用宠物的名字命名，也不鼓励使用虚构人物的名字命名。

小行星并非行星

大多数小行星在离地球很远的地方绕太阳运行，它们发光是因为反射了太阳光，所以在夜晚可能被认为是普通的星星（恒星）。事实上，小行星的英文单词（asteroid）就是"和星星很像"的意思。不过，小行星和恒星完全不同，它们是有着不规则形状的岩石体。

天文学家估计太阳系内有上百万颗小行星，它们绝大多数都很小，直径从约965千米到小于6米不等。和行星一样，小行星在绕太阳公转的同时自转。

小行星通常因太小而不能被视为行星。行星足够大，所以可以通过自身的重力作用将自己挤压成一个球体。

有一些很大的小行星，比如灶神星和智神星，几乎和行星一模一样了，它们的形状近似球体。灶神星甚至拥有类似地球和月球的层状内部结构。与地球和月球一样，灶神星也有地壳、地幔和铁镍的地核。稍小一些的小行星通常只拥有单一的岩石或金属结构。

太小以至于无法形成一颗行星，这幅插图描绘了一颗孤独的小行星在太阳系内游荡。

和行星一样,小行星也可能拥有卫星!小行星艾女星足够大,可以通过自身的引力作用"抓"住一颗小卫星(艾卫一)。这颗小卫星可能原本是艾女星的一部分,在一次与其他小行星的碰撞过程中从艾女星脱离出去了。

艾女星

艾卫一

小行星长什么样

有些小行星很暗，有些小行星则很亮，因为它们反射的太阳光不同。小行星的外观和它的组成物质有很大关系，暗色的小行星通常富含碳物质——一种深色化学元素，明亮的小行星则富含金属矿物质，因此可以反射大部分太阳光。

因为小行星很小，质量不够大，所以大多数小行星的重力作用不足以将自身挤压成一个球体，它们的形状往往不规则。

大多数小行星是形状不规则的块状物。

尽管太阳系内已知有成千上万颗小行星，但它们的总质量加起来还没有月球大！

1996年，哈勃空间望远镜在灶神星上观测到了一个巨大的陨石坑，这个陨石坑可能来自灶神星与另一颗小行星的碰撞。一颗大的小行星偶尔会因为撞击分裂成很多块小的小行星，较小的小行星比大的小行星更常见。

小行星的形状

小行星的表面看起来不一样，形状也不相同。最大的小行星看起来大致呈球形，是因为自身的重力可以将其挤压成球状。

灶神星就是这样一颗大一些的小行星，它的平均直径约为530千米。这也是唯一一个在地球上不用望远镜就能看到的小行星，只要它位于天空中适合观察的位置，以及知道该往哪个方向寻找。灶神星是目前已知小行星中质量最大的。

小一些的小行星重力太弱，无法将其自身挤压成球形，这些小行星的形状往往看起来不规则且细长。与其他大大小小的小行星发生碰撞，也会使它们变得更加不规则。

这张灶神星的特写照片表明这颗小行星几乎呈球状。

形状最奇特的小行星之一被命名为艳后星。这颗小行星两端有两个圆形的凸起，中间细长，看来就像一根骨头！

小行星主带

太阳系内的绝大多数小行星都是在被天文学家称为小行星主带的地方发现的。灶神星和智神星都在小行星主带。

小行星主带位于火星轨道与木星轨道之间，火星和木星引力的来回推拉可能导致这些小行星碎片难以聚集，无法形成完整的行星。

在小行星主带外侧的小行星富含碳元素，它们非常古老，从46亿年前太阳系形成起就没有太大变化。在小行星主带内侧，更靠近地球那一端的小行星则富含金属物质。

特洛伊群小行星

其他小行星群位于太阳系内的外部区域，离太阳和地球更远。人们在木星轨道上发现了特洛伊群小行星，另一组半人马小行星位于木星轨道与海王星轨道之间。

火星轨道与木星轨道之间的小行星主带有超过一百万颗小行星。

小行星的组成

天文学家利用小行星反射的太阳光来确定其组成成分,他们还通过小行星坠落到地球上的陨石来对小行星进行研究。

天文学家将大部分的小行星归为3种类型——C型、S型和M型。

C型小行星最常见，它们占太阳系所有小行星的70%以上。C型小行星属于球粒陨石——一种外观呈黑色的岩石。它们是太阳系最古老的星体之一，是太阳系形成时期的残留物。

S型小行星是石质的，它们主要由石块和少数金属（主要是镍和铁）组成。

M型小行星几乎完全由镍和铁构成。

近地小行星

尽管大多数小行星位于火星轨道与木星轨道之间的小行星主带，仍然有一些小行星离地球很近，它们被称为近地小行星。这些小行星的轨道靠近地球轨道，有一些甚至穿过了地球轨道，有撞击地球的可能。

天文学家根据小行星轨道的大小和形状，与地球轨道做比较，将这些近地小行星分为4类，分别命名为阿波罗型小行星、阿莫尔型小行星、阿登型小行星和阿提拉型小行星。这4类小行星以每个类别中最著名的小行星而命名。

擦肩而过！

2019年7月，一颗比摩天大楼还要大的小行星从地球旁边飞过，距离地球仅仅70 000千米。尽管这颗小行星没有任何撞击地球的风险，可是，天文学家仅仅在它掠过地球前几个小时才发现它。

迄今为止，天文学家已经观测到超过10 000颗近地小行星，其中1000颗直径约为1千米或者更大。这些小行星可能对地球构成严重威胁，如果它们撞击地球，将会对我们的家园造成巨大的破坏。

防御小行星

小行星通常不会对地球构成威胁,然而,大型小行星有可能撞击地球,这种情况历史上也发生过。事实上,科学家们认为一颗大型小行星在大约6500万年前撞击了地球,此次撞击造成了巨大的破坏,甚至导致恐龙灭绝。

2021年,美国国家航空航天局(NASA)发射了双小行星重定向测试探测器旨在与小行星碰撞,以测试未来保护地球免受小行星撞击的可能性。

当小行星撞击行星、月球甚至其他小行星时,会产生陨石坑,科学家们在墨西哥湾发现了6500万年前的陨石坑遗迹。自恐龙时代以来,较小的小行星就已经撞击过地球,其中一些留下了今天仍然可见的陨石坑。许多近地小行星足够大,如果它们撞击到合适的地点,甚至可能摧毁整个城市。1989年,一颗名为1989FC的小行星从地球边掠过。许多科学家开始意识到,他们需要观测所有可能与地球相撞的小行星。

1995年，美国国家航空航天局（NASA）开始了近地小行星跟踪计划。这个项目的科学家使用世界各地的望远镜寻找可能撞击地球的小行星。科学家们正在讨论，如果发现一颗小行星可能与地球发生碰撞，人类应该如何应对。

研究小行星

1991年以前,科学家研究小行星的唯一方法是使用地球上的望远镜。从那以后,人类执行了数次太空任务,发射探测器来研究太阳系中的小行星。

1991年,**伽利略号**空间探测器为名为加斯普拉的小行星拍摄了第一张特写照片。之后伽利略号继续研究小行星艾女星,并发现了它的卫星。

1997年,**近地小行星交会探测器**对小行星梅西尔德进行了研究,发现了许多深陨石坑。2000年2月,近地小行星交会探测器环绕小行星爱神星,创造了发现历史。同年,为了纪念美国天文学家尤金·舒梅克,探测器更名为会合–舒梅克号。2001年,会合–舒梅克号在爱神星表面着陆,再次创造了历史。

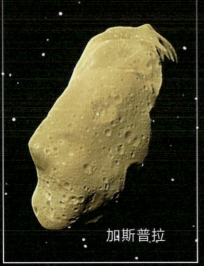

加斯普拉

2005年，日本**隼鸟号**小行星探测器降落在近地小行星系川上。2010年，隼鸟号带着从这颗小行星上采集的少量尘埃返回地球，供科学家研究。

美国国家航空航天局（NASA）于2007年发射的**黎明号**小行星探测器在灶神星的轨道上飞行超过一年，并拍摄了大量图像。

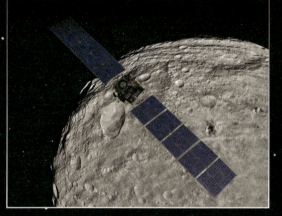

2016年，美国国家航空航天局（NASA）发射了**奥西里斯王号**空间探测器，以访问小行星贝努。该探测器在2023年着陆，从小行星贝努采集到样本，并返回地球供科学家研究。

2021，美国国家航空航天局（NASA）发射了第一颗研究特洛伊群小行星的**露西号**探测器。露西号计划于2025年抵达目标小行星。

隼鸟 2 号探测小行星

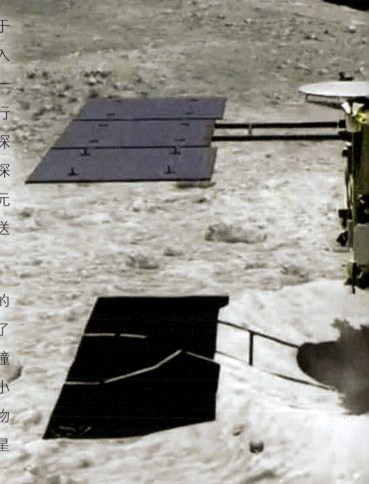

日本隼鸟2号探测器于2014年发射。2018年,它进入了龙宫星的轨道,龙宫星是一颗直径约为1千米的近地小行星。探测器派出了两辆小型探测车降落在龙宫星的表面,探测车收集了小行星的温度和元素组成等信息,并将信息发送给了地球上的科学家。

2019年初,绕轨道运行的隼鸟2号探测器向小行星发射了一枚坚硬的金属弹,造成的撞击在小行星表面形成了一个小型撞击坑,暴露出了下面的物质。随后隼鸟2号降落在龙宫星的表面。

这幅概念图展示了位于龙宫星表面的日本隼鸟2号探测器。

隼鸟2号在返回地球之前，从新形成的陨石坑收集了样本。2020年12月，当隼鸟2号飞过地球时，它投下了装有样本的密封舱，密封舱安全降落在澳大利亚境内。科学家们正在研究这些样本，以进一步了解小行星和太阳系是如何形成的。

星际访客

2017年，参与夏威夷天文台泛星计划的天文学家发现了一颗不同寻常的小行星，他们的研究目标是识别和绘制太阳系中的众多小行星，然而科学家们很快意识到，这个天体并不是一颗普遍的小行星！

该天体被正式命名为A/2017 UI，它几乎从正上方穿过太阳系。该天体在越过近日点之后移动速度极快，约为每小时355 431千米——速度太快以至于无法捕捉到它环绕太阳的轨道。天文学家发现它的形状极长，旋转速度也很快。

结合其他数据，天文学家确认这个天体的轨道围绕着太阳系以外的恒星。这是有史以来发现的第一颗星际小行星。泛星计划的天文学家将该天体命名为"奥陌陌"，在夏威夷语中意为"最先抵达的远方信使"。

当奥陌陌经过太阳时,太阳的引力导致它改变方向并加速。随后这个外来者离开了太阳系,再也没有回来。奥陌陌的发现表明宇宙中有许多这样的星际小行星,它们有可能频繁地穿过我们的太阳系。后来的观察证实,奥陌陌实际上更像一颗彗星。

奥陌陌的想象图

2019年,天文学家发现了第二个从太阳旁边飞驰而过的星际访客——2I/鲍里索夫彗星,来自一个未知的遥远恒星系。

彗 星

彗星在夜空中可能看起来十分壮观。在古代，彗星让人们心生敬畏和恐惧。古代人把这些不可预测的访客视为即将到来的厄运和灾难的预兆。

事实上，彗星是一个围绕太阳运行的冰状天体，非常像行星和小行星。天文学家认为，彗星主要由大约46亿年前外行星形成时遗留下来的大块冰、岩石、气体和尘埃构成。彗星就像一个又大又脏的雪球！

当彗星离太阳越来越近时，一些冰开始融化并蒸发，同时还有灰尘颗粒，有时会在夜空中形成极其壮观的景象。

一些科学家认为,早期撞击地球的彗星并没有带来所谓的厄运,而是带来了一些水和有机分子,它们成了地球生物的组成部分。

彗星的心脏

彗星由一个小而坚固的核心组成，核心被彗发包围，彗发是太阳加热核心时形成的一团气体和尘埃。当彗星绕太阳公转时，尘埃会像一条长长的尾巴远离彗星。

彗星的核心也称为彗核，是一个由冷冻物和岩石、尘埃组成的球体。冷冻物的主要成分是冷冻水，但它也可能包括其他被冰冻的化学物质，如氨、二氧化碳、一氧化碳和甲烷。大多数彗核直径约为16千米或更小。

当彗星靠近太阳系内部时，来自太阳的热量会使彗核表面的一些冷冻物融化。彗核向太空喷出气体、水滴和尘埃颗粒，这种物质形成彗星的彗发。而来自太阳的辐射会将这些粒子推离彗发，从而形成一条尾巴，称为彗尾。

大多数彗星太小，只有借助望远镜才能看见。但当它们离太阳足够近时，我们很容易在地球上用肉眼看到它们。彗发和彗尾中的气体和尘埃可以反射阳光，从而使彗发和彗尾变得更加明亮，一些明亮的彗星甚至可以在白天看到！

一些彗星的彗发可以长达160万千米,是太阳系最大行星木星直径的11倍。

定期回归

天文学家根据彗星绕太阳公转的周期对其进行分类。短周期彗星的公转周期小于200年，长周期彗星的公转周期大于或等于200年。

每次返回太阳系内部时，彗星都会洒落气体、冰和灰尘，从而留下太空碎屑。当地球穿过这些存在太空碎屑的路径时，这些路径上的颗粒进入大气中燃烧并变成了流星。随着不停地回归，在靠近太阳多次后，彗星最终会失去所有的冰，它们分解并消散成灰尘或变成更加暗弱易碎的小行星。

长周期彗星来自太阳系的最远端，有些长周期彗星要花很长时间绕太阳公转，例如，海尔-波普彗星在1997年经过太阳并且从地球上可以直接观察到。估计它下一次回归将在4380年，之前一次回到太阳附近要追溯到公元前2100年。

彗星通常是用发现者的名字命名的，可以是人名，也可以是飞行器的名字。天文学家已经发现了超过3 500颗围绕太阳系公转的彗星，还有许多彗星未被发现。

这是海尔-波普彗星在星空中的图像,拍摄于1997年的克罗地亚。

柯伊伯带

科学家认为，短周期彗星来自太阳系边缘一个名为柯伊伯带的区域，该区域以荷兰裔美国天文学家杰拉德·柯伊伯命名，他在1951年首次提出这一区域的假说。柯伊伯带位于距离太阳最远的行星海王星轨道的外围，成千上万的冰质天体飘荡在这个外太阳系区域，它们大多数亮度非常暗，即使使用强大的望远镜也很难从地球上观测到。

彗星偶尔会受到外太阳系的巨行星——木星、土星、天王星或海王星之一的引力推动而改变轨道，改变的轨道使它们冲向太阳或者内太阳系。

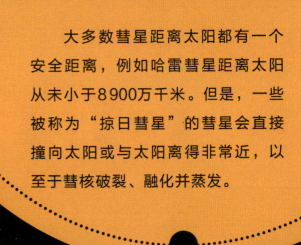

大多数彗星距离太阳都有一个安全距离，例如哈雷彗星距离太阳从未小于8 900万千米。但是，一些被称为"掠日彗星"的彗星会直接撞向太阳或与太阳离得非常近，以至于彗核破裂、融化并蒸发。

数百万块冰物质在柯伊伯带中飘荡。

奥尔特云

长周期彗星来自太阳系的遥远边缘，这里称为奥尔特云。这一空间区域是以荷兰天文学家简·亨德里克·奥尔特的名字命名的，他于1950年首次提出这一想法。

奥尔特云就像一个太阳系的巨大外壳，由环绕太阳系的彗星组成。它可能始于距离太阳约8 000亿千米的地方，并向外延伸到30万亿千米的太空。科学家认为奥尔特云中可能有多达1万亿颗彗星，即使有这么多彗星，这个地区仍十分广阔，以至于大部分冰体之间都有数千米的间隙。

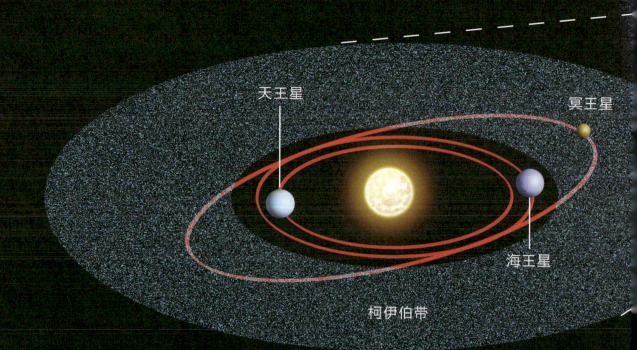

这幅图展示了奥尔特云与太阳系个别天体的关系。

奥尔特云

恒星的引力偶尔会扰乱奥尔特云中彗星的轨道,这有可能将一颗彗星送入一个新的轨道,使其作为一颗长周期彗星飞向太阳或内太阳系。

著名的彗星

"1456年……我看到一颗彗星在地球和太阳之间逆行而过……因此，我敢大胆预言，它将在1758年再次回归。"——爱蒙德·哈雷

丘留莫夫-格拉西缅科彗星

首次出现：
1969年

轨道周期：
6.45年

百武二号彗星

首次出现：
1996年

轨道周期：
约10万年

哈雷彗星

首次出现：
约公元前240年

轨道周期：
76年

斯威夫特-塔特尔彗星

首次出现：
公元前69年

轨道周期：
130年

博雷利彗星

首次出现：
1904年

轨道周期：
6.91年

恩克彗星

首次出现：
1786年

轨道周期：
3.3年

海尔-波普彗星

首次出现：
1995年

轨道周期：
2 380年

威斯特彗星

首次出现：
1975年

轨道周期：
558 300年

37

探索彗星

人们拍摄了许多彗星从地球上空划过的美丽照片，但天文学家一直想更仔细地观察彗星，最好的方法是使用空间探测器。在过去的几十年里，从地球发射的几个空间探测器已经接近彗星并拍摄了彗星的近景。

深空1号

2001年，美国国家航空航天局（NASA）的深空1号探测器飞掠了博雷利彗星，并拍摄了彗星核心的高清照片。

星尘号

美国国家航空航天局（NASA）的下一个空间探测器星尘号于2004年掠过一颗名为维尔特2号的彗星。星尘号探测器在彗尾的尘埃、冰和碎片中飞行，并将这些物质的样本送回了地球供科学家研究。星尘号拍摄的特写照片显示，彗星核心表面崎岖不平，当彗星接近太阳时，冰和尘埃从不同的地方喷出。

2005年，美国国家航空航天局（NASA）的深度撞击号探测器向一颗名为坦普尔1号的彗星发射了一枚撞击器。由此产生的撞击将彗星大量物质抛入太空，科学家可以对此进行研究。之后，深度撞击号探测器继续访问其他彗星。2010年，它掠过并拍摄了哈特雷2号彗星。

美国国家航空航天局（NASA）的深度撞击号探测器飞掠坦普尔1号彗星，图中显示了探测器向彗星发射撞击器的瞬间。

登陆彗星

降落在彗星上会有多酷？2004年，欧洲空间局（ESA）发射的罗塞塔号探测器实现了这一目标！

2014年，罗塞塔号开始围绕这颗名为丘留莫夫−格拉西缅科的彗星运行。它花了10年的时间，才将自己送入围绕这颗小彗星运行的轨道。

这张照片是在罗塞塔号最接近彗星时拍摄的。

罗塞塔号探测器记录了菲莱着陆器前往丘留莫夫-格拉西缅科彗星表面的旅程。

菲莱着陆器捕捉到了丘留莫夫-格拉西缅科彗星悬崖的图像,天文学家将其命名为近日点崖。

罗塞塔号向彗星发射了一个自身携带的、名为菲莱的着陆器。菲莱于2014年11月在彗星表面着陆。

着陆器在彗星表面发生了几次意外的反弹,然后在彗核的阴影区域停下并稳定下来,这使得着陆地点稍稍偏离了目标。着陆器发回了几张彗星表面的特写照片,显示那里一片荒凉,到处是碎石和冰。

在彗星阴影处,没有阳光能照射到太阳能电池板,这使得着陆器无法为电池充电,只能在电池耗尽前拍摄照片和记录信息,在2.5天后,任务结束。

2016年9月,当这颗彗星返回外太阳系时,欧洲空间局(ESA)的科学家引导罗塞塔号撞向彗星,结束了探测的使命。直到碰撞前几秒,探测器仍在继续拍照并收集数据。

这张由一系列照片合成的图像显示了苏梅克－列维9号彗星的碎片正朝着木星的方向加速。

撞击彗星

1993年，美国天文学家卡罗琳·苏梅克和尤金·苏梅克，以及出生于加拿大的天文爱好者大卫·H·列维发现了一颗新彗星，他们很快计算出这颗彗星的轨道将会使它非常接近木星。

但天文学家很快意识到，这颗名为苏梅克-列维9号的彗星其实是被木星强大的引力所捕获的！彗星将与这颗巨大的行星产生一次巨大的宇宙碰撞！

当苏梅克-列维9号接近木星时，行星的引力将这颗冰冷的天体撕成20多块碎块。1994年7月，世界各地的天文学家目睹了大部分碎块在几天内撞向木星的场景。这是天文学家首次目睹彗星与行星相撞。

尽管所有彗星碎块都在木星背对地球的一侧相撞，但每次撞击都会在木星上层大气中造成巨大的爆炸，每次撞击都能通过木星的卫星和木星光环观察到。

美国国家航空航天局（NASA）的伽利略号空间探测器捕捉到的彗星碎块撞击木星的照片。

历史与民间传说中的彗星

夜空中的彗星令人惊叹，但是纵观历史，人们对彗星却是充满恐惧的。

不同于星座和行星在夜空中的有序移动，彗星是不可预测的访客。古代人把天空中突然出现的一颗耀眼彗星视为不好的兆头或上帝的警告。

彗星的到来几乎总是伴随着坏消息——自然灾害、国王去世、农作物歉收或

1066年，英国上空的一颗彗星被许多人视为厄运的象征。同年，诺曼人征服了英格兰。如今天文学家知道这颗彗星就是哈雷彗星。

者暴发瘟疫。传说在古罗马时期，天文学家在古罗马皇帝尤利乌斯·恺撒的葬礼仪式上观测到了一颗明亮的彗星，他们认为这是恺撒神性的象征。而在另一个传说中，南美洲的印加天文学家发现了一颗彗星，随后不久西班牙征服者弗朗西斯科·皮萨罗抵达南美导致印加文明灭亡。中国古代的天文学家非常关注彗星在夜空中的出现，几个世纪以来，他们对彗星的到来、在天空中的位置、运行的轨道和方向，以及它们何时从视野中消失进行了详细的记录，这些记录有助于现代天文学家了解彗星的性质。

流星——来自太空的访客

根据民间流行的传说，如果看到一颗流星，应该许愿——因为它们看起来像天上掉下来的星星。

当某种物质从太空高速进入地球大气层时，产生的景象就是我们看到的流星。这种物质被称为流星体——该术语仅适用于物质在太空中时。

当流星体与地球大气层中的气体碰撞摩擦时，它会被加热而发光，这就是流星。流星高速穿越大气层时，可能会留下一道发光的热气体轨迹。大多数造成可见流星的流星体都比鹅卵石小，在穿过地球大气层的过程中，会在几秒内破裂并从人类的视野中消失。

如果一颗流星完好无损地落在地球上，留存下来的石块称为陨石。

流星一直在与地球大气层相撞，据天文学家估计，每天大约有44吨陨石物质落在地球上！

陨石的种类

天文学家根据陨石的组成将其分成**3种基本类型**：石陨石、石铁陨石和铁陨石。

石陨石由富含硅和氧的矿物组成，其中一种名为球粒陨石的石陨石和**太阳系行星的组成成分**相同。

另一种石陨石叫作无球粒陨石，这种石陨石曾经是一颗足够大的**小行星的一部分**，小行星熔化后分离出一个铁核和石质外壳，而无球粒陨石来自这些天体的外壳。

铁陨石主要由铁和一些镍组成，它们起源于**较大小行星的核心。**

石铁陨石**由石头和金属构成**，通常是铁和镍，它们起源于小行星外壳和核心之间的部分。

大多数陨石来自小行星。 小行星的碎片产生于与小行星碰撞，小行星由比彗星更坚硬的物质组成，这种物质在穿过大气层落到地球上时不太可能破裂。

寻找陨石

有些时候很难辨别一颗石头是不是陨石,因为它们和地球岩石很像,因此仅从外表很难区分。但是,如果你发现了一块奇怪的石头,那就去仔细研究一下,它可能是陨石!

几乎所有的流星都会在地球大气层中碎裂。流星岩石物质以每小时数千千米的速度划过时,这些岩石物质会解体从而产生明亮的光。只有少数流星在这场到达地面的炽热旅程中幸存下来,这些陨石的大小通常介于鹅卵石和大苹果之间,然而,人们也发现了一些非常大的陨石。

在南极洲明亮的冰原上,人们很容易就能看到一块深色的陨石。

在贫瘠的沙漠和其他开阔地区更容易寻找陨石。在沙漠中，当黑色陨石落在浅色沙子上时，人们很容易看到它们。许多陨石是在南极洲积雪覆盖的平原上被发现的。

2008年，天文学家发现了一颗直径约4米的近地小行星。他们确定它将与地球大气层相撞产生流星，并计算出它将撞击的位置。正如他们预测的那样，这颗流星在非洲的苏丹上空爆炸。后来，他们收集了600多颗爆炸后落在苏丹沙漠中的陨石，总重约11千克。

陨石来自哪里

大多数陨石是小行星的残留物，它们是几十亿年前太阳系形成时遗留下来的原始物质。通过研究陨石，科学家可以了解地球和其他行星的形成条件和过程。

不过，科学家也发现了少量起源于月球的陨石，还有一些不寻常的陨石甚至是从火星来到地球的！

科学家认为小行星偶尔会撞上月球或火星，如果岩石足够大，由此产生的爆炸会将大块月球岩石或火星岩石抛入太空。最终，这些碎片中的一部分可能飘向地球，在那里它们会像流星一样穿过天空，或者像陨石一样降落在陆地上。

科学家曾判断出一颗陨石确实来自月球，因为这颗陨石的化学成分与航天员带回的月球岩石的化学成分几乎一致。科学家也可以从陨石内保存的微量气体中的化学物质识别出陨石来自火星，因为陨石内部气体的组成与轨道航天器和探测器在测量火星大气时发现的气体几乎一致。

科学家发现这颗陨石是从火星来到地球的。

53

西伯利亚上空通古斯流星的想象图

通古斯大爆炸

地球偶尔会被非常大的流星体击中。1908年6月30日，一颗这样的流星体就进入地球大气层，并在通古斯——俄罗斯西伯利亚的一个偏远地区上空爆炸。因为该地区人口极为稀少，只有少数几个人目睹了流星体划过天空。这颗流星体在离地面5~10千米的地方发生了巨大爆炸，爆炸将该地区的森林夷为了平地！

通古斯大爆炸是有史以来最大的流星体撞击地球事件。由于很少有人住在这个偏远地区，这场毁灭性事件中无人员伤亡。也许是由于该地区过于偏远，爆炸发生后很少有人能立即进行调查。

20世纪20年代，俄罗斯科学家列昂尼德·库利克带领一个科学小组前往该地区调查。多年后，爆炸造成的广泛破坏仍然很明显。库利克得出结论，这次破坏很可能是由一颗流星体在高空爆炸造成的。科学家们确定流星体在爆炸中被摧毁，因为他们在地面上找不到任何幸存的陨石。

流星雨

在大多数晴朗的夜晚，尤其是在远离城市灯光的黑暗地区，通常都能看到流星。然而，在一年中的某些时候，流星出现在天空中的数量急剧增加，就会出现人们所说的流星雨。

当地球穿过太空中的流星体群时，就会出现流星雨。流星体通常是尘埃和其他颗粒，它们被彗星抛下并留在太空中。由于地球围绕太阳运行，我们大约会在每年同一时间穿过这些流星体。从地面上看，流星雨中的所有流星似乎都来自天空中的同一方向。

被陨石击中！

尽管有成千上万的流星体落在地球上，但它们对人类的危险却可以忽略不计。1954年，一颗葡萄柚大小的陨石砸穿了美国亚拉巴马州锡拉库加一栋房子的屋顶。这颗来自太空的岩石砸穿天花板，从收音机上弹起，击中了一名躺在床上的女性，这名女性只受到了一点儿擦伤。这是历史上迄今为止唯一已知的人类被陨石击中的例子！

流星雨中的流星似乎来自天空中的同一方向。

最著名的年度流星雨之一是英仙座流星雨，它发生在每年8月中旬。该流星雨看起来似乎来自英仙座附近的天空区域，在它的高峰期，每小时可以看到50~100颗流星划过天空。每一颗来自英仙座流星雨的流星都是一颗名为斯威夫特-塔特尔彗星的一小块碎片，该彗星约每135年围绕太阳公转一次。在流星雨的季节，我们看到的流星数量随着地球进入这片流星体区域而增多，到达顶峰，随着地球开始离开这片流星体区域而下降。如果流星出现的数量非常多，比如每小时有超过1000颗，则称为流星暴。

俄罗斯超级火球

2013年2月15日，一颗巨大的流星体在俄罗斯东南部的车里雅宾斯克上空剧烈燃烧，形成了一个大火球。

科学家们认为，形成这颗流星的流星体直径约20米，质量超过1 100万千克！他们计算出这颗来自太空的流星体首次撞击地球大气层时的速度约为每秒19千米。

这颗流星体在离地面约25千米处爆炸，不过并没有人在爆炸中丧生。

然而，这场爆炸震碎了大量的窗户，毁坏了许多建筑物，大约1 500人受伤——主要是被飞出的碎玻璃划伤的。

在这次事件中，几块陨石落在地面上。一块巨大的陨石在该镇西南部一个覆盖着冰层的小湖上砸出了一个6米深的洞，该陨石重约600千克。车里雅宾斯克陨石是自1908年西伯利亚通古斯大爆炸以来最大的陨石。

词汇表

大气 行星或其他天体周围的大量气体。

地壳 地球或其他岩石行星由岩石组成的固体外壳。

地幔 地球或其他岩石行星位于地壳和地核之间的区域。

分子 在没有化学反应的情况下,物质可以分解成的最小粒子。一个化学元素的分子可以由一个或多个相似的原子组成,分子化合物可以由两个或多个不同的原子组成。

辐射 以波或物质微粒的形式向外释放能量。

轨道 较小的天体在引力作用下围绕较大的天体运行的路径。例如,行星绕太阳运行的路径。

核 行星、卫星或恒星内部的中心区域。

彗星 围绕太阳运行的由尘埃和冰组成的小天体。

柯伊伯带 在海王星以外的外太阳系中运行的大量冰质天体组成的带状区域。科学家们认为,很多彗星是来自柯伊伯带的天体。

矿物 在岩石中自然形成的物质,如锡、盐或硫。

流星 流星体进入地球大气层时产生的光迹。

流星体 一种小天体,由太空中运行的彗星碎裂产生。

灭绝 一个物种或一组生物的完全消失。

探测器 用于探索太空的无人驾驶设备,大多数探测器会将数据信息从太空传回地球。

碳 一种常见的化学元素,其固体通常为黑色。碳在植物和动物中以化合物的形式存在。

天文学家 研究太空中恒星、行星和其他天体或空间力学的科学家。

望远镜 一种使远处的物体看起来更近、更大的仪器。简单的望远镜通常由一组透镜组成,但有时镜筒中有一个或多个反射镜。

卫星 太空中围绕另一天体(如行星)运行的人造或自然天体。人类发射人造卫星用于通信或研究地球和太空中的其他天体。

小行星 小行星是太阳系内围绕太阳运行的一类由岩石、金属或其他物质构成的小天体。

星座 通常在天空的特定区域内具有几何形状（盘状或球状）的一团恒星。星座通常以神话人物的名字命名。

星系 由恒星、气体、尘埃和其他物质在引力作用下聚集在一起的巨大系统。

行星 围绕恒星（在太阳系内是太阳）运行的天体，它们具有足够大的质量以通过自身引力达到近似球体的形状，并且在围绕恒星运行的过程中能够清除其轨道附近区域的其他物体。

引力 由具有质量的物体之间的相互吸引作用产生的力。

陨石 来自外太空有质量的石头或金属，已经到达行星或卫星的表面，并没有在该天体的大气层中燃烧殆尽。

陨石坑 行星或其他天体表面由较大天体撞击而形成的碗状凹陷。

质量 物体所具有的物质的量。

趣味问答

1. 小行星会绕太阳公转吗？

2. 亮一些的小行星由易于反射阳光的富金属矿物质组成，但是暗一些的小行星富含另一种物质。这种物质是什么？

3. 我们太阳系中的大多数小行星集中在火星和木星之间的区域，该区域被称为？

4. 大部分小行星被分为三大类——C型、S型和M型。哪种类型的小行星是最常见的？

5. 2017年，天文学家发现了一颗不同寻常的小行星。这颗小行星有什么不同寻常之处？

6. 彗星核心周围的气体云和尘埃被称为？

7. 需要200年或更长时间才能绕太阳运行一周的彗星被称为？

8. 围绕太阳运行一周不到200年的彗星位于海王星轨道之外的区域。这个区域被称为？

9. 富含彗星的奥尔特云距离太阳有多远？

10. 陨石的三种基本类型是_____。

11. 有记录以来地球上最大的流星体撞击发生在哪里？

12. 通常在一年中的_____月可以看到英仙座流星雨。

答案：
1. 小行星绕着恒星公转。
2. 椭轨道
3. 小行星主带
4. C型小行星是富含碳的
5. 它是第一颗被探测的近日小行星
6. 彗尾
7. 长周期彗星
8. 柯伊伯带
9. 奥尔特云开始于距离太阳约8000亿千米的位置
10. 石陨石、铁陨石、石铁陨石
11. 1908年，西伯利亚通古斯
12. 8

未经许可，不得以任何方式复制或抄袭本书之部分或全部内容。
版权所有，侵权必究。

 感谢World Book对本书的图文支持。

图书在版编目（CIP）数据

这里是太阳系. 小行星、彗星和流星 / 世图汇编著.
北京：电子工业出版社, 2024.8. -- ISBN 978-7-121
-48532-9

Ⅰ. P18-49

中国国家版本馆CIP数据核字第2024QL6313号

责任编辑：董子晔
印　　刷：天津裕同印刷有限公司
装　　订：天津裕同印刷有限公司
出版发行：电子工业出版社
　　　　　北京市海淀区万寿路173信箱　邮编：100036
开　　本：889×1194　1/16　　印张：40　　字数：665千字
版　　次：2024年8月第1版
印　　次：2024年8月第1次印刷
定　　价：200.00元（全10册）

凡所购买电子工业出版社图书有缺损问题，请向购买书店调换。若书店售缺，请与本社发行部联系，联系及邮购电话：（010）88254888，88258888。
质量投诉请发邮件至zlts@phei.com.cn，盗版侵权举报请发邮件至dbqq@phei.com.cn。
本书咨询联系方式：（010）88254161转1865，dongzy@phei.com.cn。